滨海湿地生态修复
案例简析

刘 亮 岳 奇 王厚军 编著

海洋出版社

2020 年·北京

图书在版编目（CIP）数据

滨海湿地生态修复案例简析／刘亮，岳奇，王厚军
编著. -- 北京：海洋出版社，2020.11
　ISBN 978-7-5210-0678-0

　Ⅰ.①滨…　Ⅱ.①刘…②岳…③王…　Ⅲ.①海滨-
沼泽化地-生态恢复-案例　Ⅳ.①P941.78

　中国版本图书馆 CIP 数据核字（2021）第 002213 号

滨海湿地生态修复案例简析
BINHAI SHIDI SHENGTAI XIUFU ANLI JIANXI

责任编辑：苏　勤
责任印制：赵麟苏

海洋出版社　出版发行

http://www.oceanpress.com.cn
北京市海淀区大慧寺路 8 号　邮编：100081
北京朝阳印刷厂有限责任公司印刷
2020 年 11 月第 1 版　2020 年 11 月北京第 1 次印刷
开本：889 mm×1194 mm　1/16　印张：11
字数：160 千字　定价：198.00 元
发行部：62132549　邮购部：68038093
总编室：62114335
海洋版图书印、装错误可随时退换

前　言

　　滨海湿地处于海洋和陆地之间的过渡地带，也是人类活动较为频繁的区域。根据《国际湿地公约》，滨海湿地包括：浅海水域、珊瑚礁、海草床、基岩海岸、海滩、河口水域、滩涂、盐沼、潮间带林地等类型，具有较高的生态价值。根据相关研究报道，全球范围内围海造地造成了大面积滨海湿地的丧失，海岸带开发以及土地利用方式的改变也不同程度地改变了滨海湿地的自然属性，滨海湿地生态服务功能下降。中国沿海拥有约18 000 km 的陆地岸线，沿海省份中从最北部的辽宁省至最南端的海南省横跨温带、亚热带、热带近40个纬度，海岸带湿地类型丰富，生物多样性高，分布于沿海11个省(自治区、直辖市)和港澳台地区。截至2014年，中国海岸带湿地总面积为 5 795 900 hm²(第二次全国湿地资源调查数据)。通过围垦来增加海岸带地区的陆域土地面积，缓解日益增长的人口与城市扩张所带来的土地压力，已经成为中国海岸带地区普遍采用的手段和方法。中国滨海湿地面临着过度利用、近海污染、面积锐减等不利处境。因此，对受损滨海湿地开展生态修复、提高其生态承载力和服务功能日益受到政府、学者以及公众的重视。2010—2018 年，中国政府已累计投入超过122.4亿元用于海岸带、海洋和海岛生态修复，以维护海洋生态安全，促进沿海城市经济社会可持续发展。

　　本书涉及的滨海湿地修复案例涉及近岸海湾、海岛、珊瑚、海草床、河口水域、盐沼以及红树林湿地。除中国外，修复案例遍及印度、印度尼西亚、斯里兰卡、澳大利亚、新西兰、荷兰、西班牙、美国等十余个国家和地区，覆盖了五大洲的滨海湿地类型，所选案例代表了该地区近岸海洋生态环境特征。收录的修复案例成功失败兼具，让读者借鉴成功案例的技术经验，开展国内滨海湿地技术创新；失败的案例同样具有价值，提示警醒管理者和技术人员注重修复过程中的关键环节和核心生态要素。

　　本书共分为三章。第一章河口及海湾湿地恢复、第二章海滩恢复以及第三章珊瑚、海草及贝壳礁恢复。其中第一章介绍了红树林、盐沼以及海岛湿地恢复情况。分析了我国深圳、防城港海湾内红树林湿地恢复前面临的生态问题以及所采用的恢复技术。同时也分析了越南、印度、斯里兰卡等国在开展红树林湿地恢复过程中遇到的问题和解决方法。第二章介绍了海滩恢复的基本情况，重点分析了我国厦门以及荷兰、美国等国家地区海滩恢复方法和恢复成效。第三章介绍了珊瑚、海草及贝壳礁恢复的案例，分析了热带、亚热带国家开展上述典型生态系统恢复的工作过程和关键技术方案，其中的一些解决问题思路值得我们进行深入思考和研究。

本书编写过程中得到了自然资源部国土空间生态修复司海洋生态修复处仲崇峻处长、林存炎副调研员、王浩然、曾小霖的帮助和指导，在此表示衷心感谢！

刘 亮

2020 年 10 月 16 日

目　录

第一章

河口及海湾湿地恢复

一、中国深圳湾华侨城湿地修复

（一）项目概况

深圳湾位于珠江口的东部，北临深圳特区，南接香港特别行政区，呈西南—东北走向（见图1.1）。根据历史资料，深圳湾东北部分布着大面积的红树林湿地，区域内囊括了福田红树林鸟类国家级自然保护区和香港米埔红树林自然保护区，具有重要的生态价值。根据相关资料，华侨城湿地总面积为 4.8 km²，修复项目所在的北湖地区分布着 10 hm² 的红树林，其中真红树包括秋茄（*Kandelia candel*）、白骨壤（*Avicennia marina*）、桐花树（*Aegiceras corniculatum*）、木榄（*Bruguiera gymnorhiza*）、老鼠簕（*Acanthus ilicifolius*）、卤蕨（*Acrostichum aureum*）、海桑（*Sonneratia caseolaris*）、无瓣海桑（*Sonneratia apetala*）等九种，同时沿岸生长着大量半红树植物，分别为海漆（*Excoecaria agallocha*）、许树（*Clerodendrum inerme*）、黄槿（*Hibiscus tiliaceus*）等。其他滨海湿地植物还有银合欢（*Leucaena leucocephala*）、马缨丹（*Lantana camara*）、巴拉草（*Brachiaria mutica*）、龙珠果（*Passiflora foetida*）等。华侨城湿地生态系统的多样性为湿地鸟类提供了优良的栖息环境，为候鸟由西伯利亚向澳大利亚迁徙提供了驿站。据资料记载，华侨城湿地是深圳湾鸟类重要的栖息地，也是深圳湾鸟类多样性最高的区域，占深圳湾鸟类种数的80%以上，共有142种。其中留鸟43种，候鸟106种。然而20世纪80年代，随着中国经济的迅速发展，围海造陆成了包含深圳在内的多数中国沿海城市拓展经济社会发展空间的重要手段。填海造陆在给深圳带来巨大经济效益和社会效益的同时，直接缩小了深圳湾的面积，也可能对滨海湿地生态系统产生负面影响。主要表现在以下三个方面。

1）海水交换能力下降，湿地功能退化

华侨城湿地已成为一个填海形成的内陆湖（见图1.2），除深圳湾海水倒灌等极端情况下基本无法与外界发生水交换，同时还要接受上游内陆河流带来的污水。区域内海水补给无法满足湿地内生物的用水需求，水体质量严重下降，湿地功能逐渐退化。

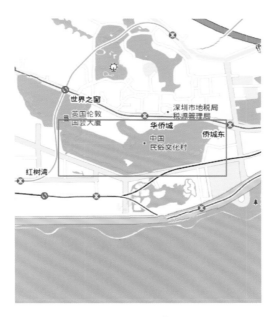

图 1.1　项目位置

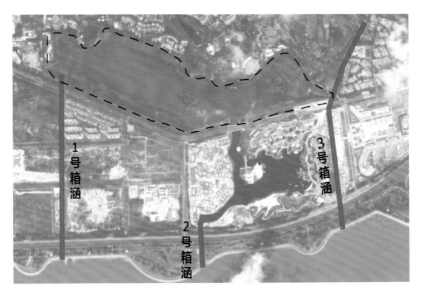

图 1.2　华侨城湿地箱涵示意图

2）人为干扰影响较大，管理出现缺位

华侨城湿地修复开展前，区域内基本无人管理，周边建设单位的污水直接排入湿地，沿岸垃圾遍地，环境恶劣（见图 1.3，图 1.4）。另外，部分人员非法圈占湿地进行水产养殖和捕捞，引起食物链中断，破坏了湿地内部的生态平衡，湿地恢复能力和生态效益大大下降。

图 1.3　修复前滩涂情况

图 1.4　违法养殖捕捞

3）入侵植物肆虐

2010 年以前，华侨城湿地入侵植物分布面积约 11 hm²，入侵植物与本地植物相比生长迅速、繁殖力强，进而不断扩散，严重侵占了本地原生植物的生态位，导致本地植被种类和分布面积下降。

基于以上问题，以"保护、修复、提升"为原则，2007 年华侨城湿地修复承担单位开展了实施工作。项目于 2012 年全部结束，投资总额超过两亿元。修复后的华侨城湿地整体景观与周边环境协调，提升了区域生态环境的自然属性，现已成为深圳市的一张绿色名片，并免费向民众开放。

(二) 实施时间

2007—2012 年。

(三) 生态系统退化原因

华侨城湿地生态系统退化的主要原因有以下几个方面。

1) 围填海工程导致湿地内生态系统与深圳湾隔绝

修复工作开展前，由于围填海工程导致湿地成为一个"与世隔绝"的内陆湖，无法与外界深圳湾海水发生水体交换，加之上游河水水质恶化，11 个排污口将城市污水直接排入湿地区域内，湿地淤积情况严重，部分区域已出现陆地化，湿地生态系统基本功能严重退化。

2) 管理缺位加剧了湿地生态系统的退化

华侨城湿地修复工作实施前无人管理，无证养殖、非法捕捞情况比比皆是，造成部分鱼类、甲壳类以及软体动物消失，破坏了湿地生态系统内食物链和食物网的结构，也严重干扰了湿地区域内生物的栖息、生长和繁殖。

3) 入侵植物大肆侵占本地原生植物生态位

根据相关文献记载，华侨城湿地的外来入侵植物有 30 种。主要为薇甘菊 (*Mikania micrantha*)、假臭草 (*Praxelis clematidea*)、钻形紫菀 (*Aster subulatus*) 等草本植物和藤本植物。这些外来种及入侵种分布较为集中，主要分布于华侨城湿地的东北区域，面积约 8.5 hm^2，这也是造成湿地内原生红树林面积锐减的主要原因。

(四) 修复具体措施

华侨城湿地修复工作主要从以下三个方面开展。

1. 湿地水环境修复

(1) 湿地内水环境主要问题表现在以下几个方面。

水质问题——湿地受内陆污染的河水、生活污水以及个别企业排入的废水影响导致水质下降(图 1.5),另外,由于水交换被阻断,水体滞留时间过长缺乏外来水源补充,补水量不足,湿地内部淤积严重几近成为死水。

图 1.5   修复前汇入华侨城湿地的污水

防洪问题——由于小沙河未与深圳湾建立联系(项目实施前 3 号箱涵未完工),雨季流经的雨水全部都直接汇入华侨城湿地,而湿地向深圳湾泄洪仅能依靠 2 号箱涵,而 2 号箱涵由于常年淤积行洪能力大大减弱,增加了雨季防洪风险。

(2)修复目标:围填海工程前,华侨城湿地是自然湿地,湿地内分布着较大面积的红树植物,是各种鸟类栖息、生长、繁殖的重要场所,同时也是内陆河流及其上游城市雨水泄洪的通道。因此,水环境的恢复和改善是原有湿地生态功能恢复的首要条件。

(3)修复标准:修复工作遵循以下标准,包括:区域内防洪应满足 50 年一遇标准设计,按 100 年一遇标准校核;满足内陆污水不流入湿地区域内,项目实施后区域内水质基本达到三类海水水质标准,个别指标优于四类海水水质标准,逐步改善华侨城湿地水质;项目实施后整体环境适于鸟类栖息。

(4)湿地内部清理。主要包括:清除湿地内部违章建筑,清理长期非法滞留人员。

(5)完善小沙河行洪通道工程。续建 3 号箱涵,改善河道剖面结构提升雨季行洪能力(见图 1.6)。将原有河道改造为一侧钢筋水泥结构的直立式挡墙,另一侧采用阶梯式砌石驳岸;河道底部挖深便于清淤;河道两岸采用本地种开展植被护坡。

(6)截污治污工程。首先,对湿地区域内 11 个污水排放点开展管网改造,使

图 1.6　项目施工中

污水排入市政污水管道。

（7）防洪整治工程。工程实施后，小雨经小沙河直接排入深圳湾，大雨经华侨城湿地调蓄后由 1 号箱涵和小沙河同时排入深圳湾。

（8）清淤还湖工程。对华侨城湿地除红树林分布区域以外的范围开展总面积为 20.6 hm^2 的清淤工作，清淤总量为 2.1×10^5 m^3，清淤底泥运至湿地南侧用于道路改造和堆山造景，杜绝了淤泥外运困难和环境污染问题。清淤后的滩涂有利于红树林及其他湿地植物的生长。

（9）引水工程。对华侨城上游实施截污，但同时也阻断了地表径流对区域内水体的补充，减少了水体原有的环境容量，因此，需要引进达标海水以补充华侨城湿地因截污失去的流入水量。经过调查，通过布设输水管道将深圳湾西部海域的海水输送到华侨城湿地。

2. 生物通道恢复

项目中生物通道的概念是通过人为的方法构建通道，连接两地动物栖息地，减少因道路切割造成的隔离。根据华侨城湿地引水工程进出通道的位置选择 3 号箱涵作为生物通道进行改造，适当拓宽 3 号箱涵的宽度以增加生物交流几率。同时，为保护湿地内鸟类飞行安全，在湿地范围外构建高大乔木林带（平均株高 20 m，宽度 30~50 m），构建空中生物通道。

3. 湿地植被修复

植被修复分为入侵植物清除防治和本地原生植物补植与恢复。首先对水边、水中、陆地的外来入侵植物采用人工、机械等手段进行清除，清除工作完成后还需对区域进行日常监测防止二次入侵。在植物种类配置方面，采用多种类植物搭配丰富群落结构。优先选择本地耐盐碱、抗风的树种开展恢复工作。区域内植被规划为五大功能区，即植被核心保护区、植被重点保护区、植被加强区、植被恢复区和红树林保护区。

4. 鸟类栖息地恢复

鸟类栖息地恢复应遵循尽量保留原始自然生境的原则。主要措施包括滩涂营造和湿地水位调控两个方面。

滩涂营造是根据华侨城区域内鸟类分布区域，人为地增加沿岸滩涂的数量和面积，通过不同底质、水深的滩涂营造，给鸟类提供更多的栖息和觅食场所。湿地范围内共营造七处滩涂，湖中为固定浮滩。材质为底泥、少量牡蛎壳、石块等对湿地环境无影响的材料，同时保证在水深最高点时露出水面供鸟类驻足。

通过调节水位来模拟海水潮汐变化，创建人工潮间带为鸟类觅食和活动提供空间。在小沙河出海口 3 号箱涵设置水闸，通过水闸和箱涵调控湿地水位，周期性地让湿地水位在 0.8~1.0 m 之间波动，保持湿地东侧潮间带动态水域环境。大潮期间允许 3 号箱涵水闸开启，让海水向湿地倒灌，3 号箱涵成为海水生物通道，为湿地鸟类补给食物。

（五）修复成效

1. 湿地水质变化情况

根据华侨城湿地 2010 年和 2011 年对总氮、总磷、溶解氧、化学需氧量、生化需氧量、pH 等指标的监测显示，氮、磷污染物含量减少，水中溶解氧含量增多，水质明显改善。

2. 植被变化

经过入侵植物清除和植被修复，2012 年湿地入侵植物比修复前减少 10 种，2014 年调查结果显示植物种类比 2013 年多出 45 种，本地植物种群多样性得到提升，新增红树林面积 $3.0 \times 10^4 \mathrm{m}^2$（见图 1.7）。

图 1.7　修复后景观效果

3. 底栖动物及鱼类变化

修复前，湿地内红树林滩涂、芦苇滩涂等浅水区域底栖动物密度较大；修复后，由于水位下降上述地区底栖动物密度和数量都大幅下降，而进水口、湖中央、出水口等采样点底栖动物种类和数量大量增加。另外，修复后鱼类种类数量和密度明显增加，其中种类增加三种，密度增加 34.5%。

4. 湿地内鸟类变化

修复后，华侨城湿地是深圳湾鸟类多样性最丰富的地区之一，无论是鸟类的种类还是个体数量，总体上呈现上升趋势。

(六) 经验教训总结

华侨城湿地修复工程由华侨城集团历时五年，斥资逾两亿元完成。修复工作完成后湿地的管理、运行以及保护继续由该集团承担。本项目开创了修复工作完全由企业实施、管理的先河，在全国尚属首例。但是，华侨城湿地修复后产生的直接或间接的经济效益、社会效益以及生态效益远超过修复成本。通过修复项目的实施，提升了该地段的生态景观品味，同时也带动了该地区的土地的溢价。修复后的华侨城湿地成为了深圳市一张生态名片，吸引了诸多民众前来旅游观光，了解湿地、认识湿地，显示出了重要的社会效益(见图 1.8)。

图 1.8　华侨城湿地展览馆

（七）长效管理机制

2012 年项目完成后，项目承担单位在湿地公园建立了保护区管理站用于项目的后期监管和科研监测。2016 年 12 月，国家林业局下发通知，同意华侨城湿地公园升级为国家湿地公园，标志着华侨城湿地进入了一个崭新的发展阶段。

（八）资金来源

项目资金超过两亿元，由华侨城集团全额承担。

资料及图片来源

昝启杰，谭凤仪，等，2016. 华侨城湿地生态修复示范与评估. 北京：海洋出版社.

http://shidi.octbay.com/ecological/1.html.

二、中国广西防城港红沙环生态海堤整治

(一)项目概况

防城港市红沙环海岸位于防城港市行政中心港口区西侧海域(图1.9)。红沙环海岸连接了防城港港区和防城港行政新区,是滨海城市的中轴海岸,是展示防城港市社会经济与文化建设成果的重要平台。西侧为防城港西湾,沿海岸线分布红树林,环境优美,北侧为倒水坳大桥,是连接渔万岛与陆地的桥梁,西北侧为防城港市市政府所在地,与马正开广场海堤隔水相望;东侧为兴港大道,是进出防城港的主要道路。

图1.9 项目位置(红色为修复区域)

长期以来,红沙环岸段由于受海浪、风暴潮及周边城市建设的影响,海岸侵蚀严重,滨海植被退化,严重影响了西湾海域的滨海自然景观。主要表现在:简易海堤护坡年久失修,护坡植被稀疏,石砌堤身裸露(见图1.10);堤前平行于海岸线的潮沟水深流急,海岸侵蚀严重,直接威胁堤脚安全和红树林的生长(见图

1.11）；海堤陆侧缺少植被，表土松散裸露，水土流失严重；海岸排污口流水直接冲刷滩涂，形成低洼潮滩，造成周边红树林滩涂的崩坍；裸露生硬的物理海堤不能给市区海湾带来任何美感，无亲水空间，缺乏休闲娱乐功能。

图 1.10　项目实施前（2012 年）

因此，综合以上亟须在满足物理护岸、减灾防灾功能的前提下，保留和恢复工程区所在海岸的植被、湿地、海洋动物，满足市民及游客休闲、观光、科学教育与工程示范等需求，促进城市与自然的和谐发展。项目完成生态护岸 1 770 m、潜坝 400 m、置石驳岸等护岸生态型海堤工程；梯田式护坡、红树林群落重建 2.4 hm²、季雨林植被恢复 4 hm²。

（二）实施时间

2012 年 5 月至 2015 年 1 月。

（三）生态系统退化原因

红沙环岸段位于防城港西湾西侧，属于隐蔽型内湾，受常年波浪侵蚀影响岸段水土流失严重，部分岸段侵蚀情况甚至危及陆域路基；每年的风暴潮对该海域也造成不同程度的影响，沿岸护坡结构破坏，碎石遍地；海岸原生红树林由于人为和自然灾害的影响衰退严重，林木低矮，种群结构单一，红树林生态系统恢复力较低。

（四）修复具体措施

项目将生态海堤剖面垂直方向设计为五个部分（图 1.11）：第一部分为潜坝，为红树林或盐沼植被恢复区域；第二部分为堤底鱼礁，为附近生物提供庇护所和繁殖场；第三部分是处在堤脚鱼礁与当地平均高潮位之间的区域，步道所在高程极少被大潮淹没，为耐盐、耐淹藤本植物垂吊护坡或半红树植物恢复区；第四部分位于特大高潮位与城市标高之间的区域，为藤本植物双向护坡、花卉梯田式护坡或草皮护坡；第五部分为城市用地，用于重建地带性季雨林。

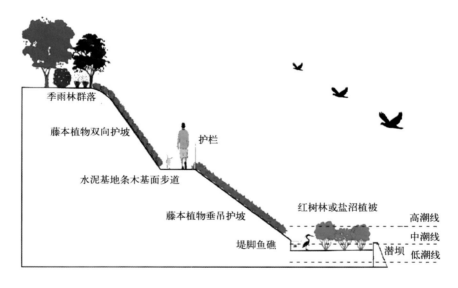

图 1.11　生态海堤剖面结构

1. 潜坝

防止受损的海床冲刷加剧及红树林前沿滩涂崩塌，保护红树林以及盐沼植物的人工潜坝。同时还具有局部提高滩涂高程，形成稳定的生境条件，为构建潮间带湿地植被奠定基础。促淤坝或潜坝可采用直角梯形结构，表面可以为光滑、粗糙或不透孔状结构，用于附着牡蛎、藤壶、藻类等生物。

该区域的红树林或盐沼植被形成的生态系统，为近岸海洋生物提供构筑生态基底，形成自然的生态系统载体，扮演海洋生态牧场的角色，同时还能够防风消浪、促淤保滩、净化海水。

2. 堤脚鱼礁

堤脚鱼礁位于堤脚与促淤区之间，将鱼礁与海堤堤脚固定，确保鱼礁的稳定性，为海岸鱼、虾、蟹、贝、藻等海洋生物提供索饵、庇护和繁衍场所。

3. 盐沼植被护坡

根据地形和防浪需要，护坡可分为：陡坡、阶梯式和复合型三种结构模式。其中陡坡适宜向陆一侧岸滩植被稀疏、高程较高、坡度较陡，能够有效防止海水侵蚀；阶梯式功能与陡坡基本相同；复合型护岸上部为缓坡，下部为垂直护岸，这种结构适宜所处海岸的高程低，坡度缓和，大潮和特大潮能淹及的海岸。护坡可以有效防止海水入侵、防护海岸，同时为民众提供休闲、观光等亲海空间。

4. 特大高潮位护坡

通过生物工程自支撑、自组织等功能来实现边坡的抗冲蚀、抗滑动，在保证坡面的力学稳定性的同时，又利用生物防护有效地绿化美化坡面。护坡分为垂直护坡、阶梯式护坡和斜坡护坡三种。垂直护坡在坡脚栽植攀缘植物、坡顶栽植垂吊植物等以实现绿化的护坡形式，用植草塑料固土网垫技术，借助三维网垫的防冲刷能力防护边坡；阶梯式护坡采用木板将护坡分隔成几层客土槽，分别种植多种地带性赏花、赏果灌木和草本植物等；斜坡式护坡采用种植根系发达、覆盖率高、四季常绿的地方草种，实现边坡的抗冲蚀和抗滑动能力。

5. 城市景观乔木林

乔木林带是在红树林后的第二道防御风暴潮的天然屏障，其发达的植物根系形成良好的地表防护层，既增强抗冲刷能力，也可达到绿化、美化护坡的作用。

（五）修复成效

潜坝显著地降低了潮沟中水流速率，促进了水体中悬浮物沉积和局部区域滩涂高程提升，为原先无林滩涂上红树种苗的定植与群落重建创造了条件。2017 年

9月调查表明，人工营造的红树林成活率达65%、郁闭度近50%，显著提高了区域内滩涂抵御风、浪、流等侵蚀的生态功能。红沙环生态海堤建成以来已经遭受了五次台风袭击，尤其是2014年遭受在防城港市正面登陆的、百年一遇的超强台风"威马逊"的袭击后仍安然无恙，而标准海堤建设要求仅为20年一遇。显然，海堤+红树林、海堤物理结构+植物护坡的生态海堤组合模式提高了海堤的防护功能。

项目实施后，西湾红沙环海堤护坡得到全面绿植化、生态化，部分岸段实现缓坡入海，提供了旧海堤中不具备的亲水通道，扩展了民众的亲海空间（见图1.12）。海上栈道和海堤步道将海堤、红树林、滩涂、滨海湿地、市政设施等景观要素有机结合为一体，形成高低错落的滨海景观。红沙环生态海堤一期工程建成的优美滨海景观吸引了大量市民和游客驻足观赏，并且得到了社会的普遍肯定，现已经成为防城港市的一张海洋生态名片，是我国开展生态海堤建设的一个成功示范。

（六）经验教训总结

由于种种原因，海岸上原有稳定的半红树群落不仅没有得到保留和修复，反而在工程建设中被全部清除，极大降低了生态海堤的自然属性与生态特征。"有树就是生态，有绿便是自然"的谬论在季雨林重建中表现得特别突出，与普通城市绿化所采用的树种基本没有违和感，未能体现乡土地带性植被特征。堤脚鱼礁是提高海堤前沿滩涂动物生境异质性以致生物多样性的重要设施，但由于缺少前期试验，实际放置的堤脚鱼礁体积偏小，形态和巢穴结构设计不科学，在潮水冲击下已破损几近解体，基本上未起到消浪、生物庇护的作用。

尽管防城港红沙环生态海堤的生态效益和社会效益极为显著，但相较于传统标准化海堤，生态海堤建设成本高出50%~100%，因此全国范围大规模进行生态海堤建设目前并不实际，但适合于对生态景观和人文氛围有特别需求的海岸，如海洋自然保护区、滨海湿地公园、海洋公园、滨海城市风景岸段、海洋度假区、临海房地产开发区等。在这些区域，额外增加的生态与文化成本可以通过生态环境改善产生的间接生态效益得到回报，尤其是在经济发达地区，生态海堤带来的经济效益很可能远远超过生态海堤的建设成本。

2012年   2017年

图 1.12　修复前后对比

（七）长效管理机制

项目实施后，防城港市政府按要求制定管理制度对项目实施区域予以保护，同时根据需求设置常态化跟踪监测方案保障项目长期发挥生态、经济和社会效益。

（八）资金来源

防城港红沙环生态海堤整治项目由广西壮族自治区海洋局实施，总经费约3290万元，其中1921万元来源于中央分成海域使用金，其余来源于广西壮族自治区财政配套资金。

资料及图片来源

范航清，何斌源，王欣，等，2017. 生态海堤理念与实践. 广西科学.

广西壮族自治区海洋局，2012. 广西防城港市西湾红沙环生态海堤整治创新示范工程项目概念性规划.

三、越南胡志明市芹椰县(Can Gio)红树林恢复

(一)项目概况

胡志明市芹椰县位于越南南部(图 1.13),越南战争前(1955 年)芹椰县红树林总面积约有 38 750 hm²,占该地区总面积的 54.2%。红树林生态系统为当地居民提供了丰富的渔业资源和木材资源(木材和木炭),同时也为周边海洋生物、陆生动物以及鸟类提供食物、栖息繁殖的场所。

图 1.13 项目位置

越南战争期间,因美国军队使用了炸弹和高浓度除草剂,摧毁了包括红树林在内的大量森林和滨海植被(见图 1.14)。河口和海岸带地区由于滨海植被和红树林大量死亡,造成了海岸和河口侵蚀,裸露的岸滩形成了酸性硫酸盐土壤。

战后(1978 年),经过胡志明市林业局和芹椰县人民委员会的努力,对原遭受轰炸和除草剂的地区进行了红树林恢复。通过恢复战时被除草剂破坏的红树林生态系统,使得红树林范围内的土壤得到稳定,遏制了土壤侵蚀、盐渍化的情况。

图 1.14　越南战争期间(1972 年)遭受炮弹轰炸和除草剂侵害的红树林

红树林生态系统的重建为海岸带生物、陆生动物创造了索饵场和栖息地，联通了海洋与陆地之间的生物通道和生态联系空间。红树林生态系统也间接为沿岸渔民开展近岸养殖提供了良好条件，增加了附近居民的就业，从而提高了附近居民的生活水平。该项目红树林恢复总面积为 35 000 hm^2。

（二）实施时间

1978 年 1 月至 1997 年 1 月。

（三）生态系统退化原因

越南战争期间，芹椰县遭受炸弹轰炸和除草剂(或落叶剂)喷洒，导致该县红树林绝迹，海岸带生态系统遭受毁灭性破坏。由于除草剂等有毒化学武器的影响，不仅毁灭了芹椰县红树林生态系统，也直接或间接杀死了以红树为食物来源的鸟类和其他陆生动物，如老虎、猴子以及鳄鱼基本灭绝，两栖类动物数量锐减。

海岸带没有了红树林的保护，滨海岸滩遭到严重侵蚀；滨海土壤失去了植被的保护，土壤化学结构发生了巨大变化，旱季淡水补充不足导致 pH 降低，蒸发增加使得盐分升高，形成硫酸盐土壤。

(四)修复具体措施

1. 具体目标

(1)恢复被除草剂破坏的红树林生态系统。

(2)稳定滨海岸滩,逐步消除海岸侵蚀。

(3)为陆生动物提供栖息地,为近岸生物提供索饵场和繁殖场所。

(4)通过红树林恢复为沿岸居民创造就业机会,提高当地居民的生活水平。

2. 修复措施

根据红树植物在潮滩上的生长习性、演替分布位置以及恢复区域理化特征,采取因地制宜的方案(图 1.15)。具体措施如下。

图 1.15　越南战争以后(1978 年)恢复的一年生红茄苳(*Rhizophora mucronata*)(前)和

七年生正红树(*Rhizophora apiculata*)(后)

在咸水恢复区域:选择当地种杯萼海桑(*Sonneratia alba*)和白骨壤(*Avicennia marina*)作为红树林恢复的先锋种群,在淤泥质的低潮海滩和河口开展恢复。待先锋种在海岸稳定生长后,在中低潮滩种植正红树。在高潮位以及近岸陆域,选择海漆(*Excoecaria agallocha*)、银叶树(*Heritiera littoralis*)开展恢复。

在咸淡水交汇恢复区域:这些区域一般是河口等水流冲刷较为频繁的区域,

因此首先应采取促淤固滩。使用当地种潮间带盐沼植物茳芏（*Cyperus malaccensis*）进行保滩促淤，岸滩稳定后选择海桑（*Sonneratia caseolaris*）、水椰（*Nypa fruticans*）等耐盐度一般，但耐淹性良好的红树植物先锋种开展恢复。在中高潮滩上种植露兜树（*Pandanus tectorius*）、玉蕊（*Barringtonia racemosa*）、杨叶肖槿（*Thespesia populnea*）等滨海植物。

在咸水恢复区和咸淡水交汇区采用不同的恢复植物种类，不仅能丰富提高恢复区域海岸带植被的种群结构，而且还可以提高不同种群的恢复效果，提高生态系统的稳定性。

（五）修复成效

1. 生态系统恢复效果

截至1996年，芹椰县共计恢复了35 000 hm² 红树林，其中约20 000 hm² 的红树林生长良好，形成了稳定的滨海湿地生态系统。通过红树林生态系统的恢复，海岸滩涂基本稳定，侵蚀问题逐步改善；滨海土壤理化性质也发生了好转，土壤酸度下降并逐步转化为壤土；海岸滩涂的稳定，近岸沉积作用强烈，碎屑饵料等有机物堆积，有利于微生物和鱼仔的生长和聚集，从而便于沿岸居民开展渔业养殖、捕捞等经济活动；红树林生态系统的恢复和重建，增加了红树植物和近岸鱼类的种类，丰富了滨海湿地生态系统种群。

2. 对当地经济社会发展的促进作用

2000年初，芹椰县红树林恢复区被联合国教科文组织（UN ESCO）列入世界生物圈保护区网络。1998—2001年，芹椰县生态旅游发展迅速，为当地社区的经济发展做出了积极的贡献。红树林的恢复也为胡志明市的生物学研究、保护和教育提供了良好的平台。同时，日本红树林再造行动（ACTMANG）组织为越南和外国学生在胡志明市芹椰县开展红树林恢复研究提供经费支持。

（六）经验教训总结

由于造林恢复初期，参与造林恢复的多为当地低龄学生和幼童，严重缺乏红树林恢复的技术和知识，经验欠缺，由于种植密度过高，而导致大批红树幼苗死亡。另外，当地经济压力较大，疏于红树林恢复的后期管理，也在一定程度上影响了红树林恢复的成功率。

（七）长效管理机制

1991年5月，越南政府设置了专项资金用于胡志明市森林环境保护。政府成立了城市森林环保管理委员会（MBCEPF），职责就是对红树林恢复区域进行管理和维护。同时，政府按照家庭为单位还向周边民众无偿分配土地、林地和海域资源用于改善生活，提高经济收入，获得土地、林地和海域资源的家庭仅需要配合政府参与红树林恢复区域的维护。

（八）资金来源

芹椰县红树林恢复资金来源于胡志明市人民委员会。

资料及图片来源

HONG P N，1996. Restoration of mangrove ecosystems in Vietnam：a case study of Can Gio District，Ho Chi Minh City. In C. Field，ed. Restoration of mangrove ecosystems，76-79. Okinawa，Japan，International Society for Mangrove Ecosystems and International Tropical Timber Organization（ITTO）.

HONG P N，2001. Severe impacts of herbicides on mangroves in the Vietnam war and ecological effects of reforestation. Paper presented at the Centre for Excellence（COE）international seminar "Changing People-Environment Interactions in Contemporary Asia：An Area Study Aproach"，Kyoto，Japan，15-17 November.

四、印度东海岸安得拉邦(Andhra Pradesh)红树林恢复

(一)项目概况

安得拉邦位于印度东南部海域，毗邻孟加拉湾(图1.16)。区域内分布两条大河，戈达瓦里河和克里希纳河。本项目位于克里希纳河河口。项目的目标是各利益相关方采取一致行动，促进印度东海岸红树林湿地的保护和可持续管理。修复工程创造性地采用了"一主多支"的鱼骨形潮沟通道，这种方法与印度林业部门经常采用的"矩形水道"相比，被证明是一种更加有效地促进潮汐运动的方法。涨潮时，潮水顺潮沟而上冲刷恢复区域，同时上游淡水顺着开挖的潮沟流入恢复区，咸淡水交汇满足了红树林及幼苗生理生长需求。项目修复总面积为520 hm²，通过该方案恢复的红树林，保存率较其他方法有一定提高。同时，印度政府已经对该项技术进行了推广，同时也在不断完善这种恢复技术，应用于其他地区的恢复项目。

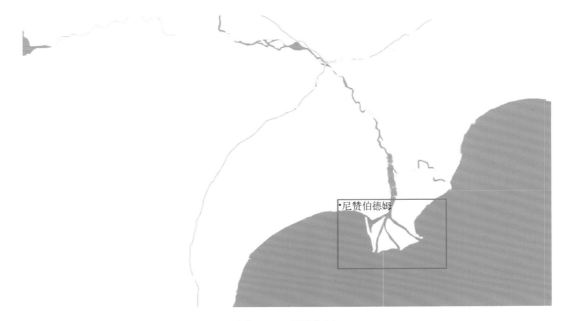

图 1.16　项目位置

（二）实施时间

1997 年 5 月至 2004 年 5 月。

（三）生态系统退化原因

根据调查研究，造成该区域红树林生态系统退化的主要原因有以下几点。

1）淡水供给减少

恢复区域为克里希纳河河口，克里希纳河是印度半岛使用率最高的河流之一，由于自然和人为因素的影响，克里希纳河常年淤积严重，造成河道变窄，水质变差。河口的红树林生长过程中无法得到内陆淡水足够的补充。

2）滥砍滥伐

沿岸居民的人为活动加剧了红树林生态系统的衰退。沿岸村民利用红树林来满足其基本生活生存需求，例如木柴收集、房屋建筑以及畜牧围栏等。红树林覆盖区域也越来越多地被转化为水产养殖池塘、盐田和水田。

3）海水污染

克里希纳河流域开发活动的增加，两岸化工厂的生产排污以及化肥的大规模使用，一些废水顺河道被排入海湾，导致海湾水中含有大量的铵和硝酸盐，严重影响着红树林的生长。

（四）修复具体措施

1. 具体目标

（1）明确相关管理部门的职责，强化红树林生态系统保护管理能力。
（2）转变周边居民的生产生活方式，以减轻对红树林生态系统的压力。

2. 修复措施

通过对戈达瓦里（Godavari）和克里希纳（Krishna）红树林退化原因的调查，明确了红树林生态系统退化主要驱动因素是由于河道淤积严重，导致河水流量减小无法满足红树林淡水补充需求。根据这一主导问题，修复方案设置为以下几个步骤。

（1）对淤积河段进行开挖通渠，在河口区域开挖"一主多支"的鱼骨形潮沟通道（图1.17），主水道与天然潮汐通道成45°角，侧水道与主水道成30°角，保障上游淡水对河口红树林的补充，同时也便于涨落潮时潮水的流入流出。

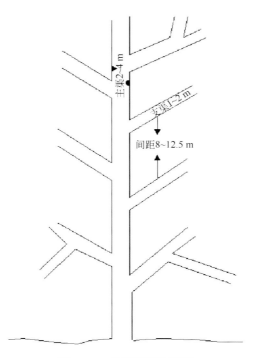

图1.17　鱼骨形潮沟通道

（2）对河道和潮沟进行改造，形成横截面为梯形的河道和潮沟（见图1.18，图1.19），选择海漆、白骨壤等耐盐性红树林幼苗种植在梯形河道和潮沟的斜坡中部，间距2 m，以保证幼苗既得到海水冲刷，又不至于被海水淹没的时间过长。

图1.18　滩涂整治前以及鱼骨形潮沟通道

图 1.19　当地妇女在潮沟开展恢复工作

（3）根据红树林幼苗的生长情况，调整河道和潮沟的间距，确保林木密度适宜，同步开展对死亡幼苗进行补植补种。

（4）为丰富红树林生态系统种群结构，在先锋种幼苗生长稳定后，适当种植木榄、正红树、红茄苳等当地种。

（五）修复成效

1. 生态系统恢复效果

随着项目的开展，新植的红树林幼苗经过三年的生长发育，已逐步覆盖了原来裸露的河口滩涂湿地，成功地遏制了河口地区红树林生态系统的退化（见图1.20）。通过开挖河道和潮沟，扩大淡水输入量，使更多的河口潮间带生物向恢复区域汇集，如甲壳类、鸟类以及哺乳类（水獭）生物个体数量和种类逐渐增多，恢复区域的生态系统正向着健康有序的方向发展，生态系统重建工作基本成功。

2. 对当地经济社会发展的促进作用

修复项目的实施，拓宽了河道和潮沟，不仅为红树林提供了生长发育必需的海水和淡水，同时也为沿岸居民提供了放牧、养殖、种植所需要的水资源。项目实施后，沿岸植被覆盖率有了较大提升，为畜牧饲养提供了天然食物。

图 1.20 项目实施前后对比

（六）经验教训总结

建议当地政府创造一些依赖红树林拓展的就业机会，如以红树林为生境开展养殖和捕捞帮助周边居民增加生活收入，从根本上扭转由于人类经济活动对红树林生态系统的负面影响。

（七）长效管理机制

相关管理机构已经对当地非政府组织开展了红树林恢复技术、保护和管理的培训。这些非政府组织通过培训开展了一些红树林恢复工作，据统计已经完成了 215 hm^2 退化红树林的恢复工作。

（八）资金来源

安得拉邦红树林恢复项目资金总额为 301 万美元，其中印度–加拿大环境基金提供 272.7 万美元支持，其余资金由当地政府提供。

资料及图片来源

RAMASUBRAMANIAN R，RAVISHANKAR T，2004. Mangrove Forest Restoration in Andhra Pradesh，India.

http：//www. mssrf. org(M. S. Swaminathan 研究基金会)

http：//www. icefindia. org(印度–加拿大环境基金)

五、斯里兰卡红树林恢复

(一)项目概况

2004 年印度洋海啸,让斯里兰卡政府充分认识到了红树林对海岸的保护作用和生态效应。灾害过后,斯里兰卡政府启动了覆盖 2 000 hm² 的红树林计划。但是,开展恢复的项目 80% 都以失败告终。2017 年,斯里兰卡政府开展了对 23 个红树林恢复点位的评估工作,评估内容包括恢复生态价值评估、社会影响评估以及经济评估。目的是从红树林恢复的失败中汲取经验教训以指导其他红树林恢复项目的设计、协调和实施。

(二)实施时间

2004—2015 年。

(三)生态系统退化原因

主要原因是受东南亚海啸极端灾害天气影响,导致国家东部至南部海岸红树林毁灭性破坏。

另外,在海啸发生前,许多红树林覆盖区域以及潜在宜林地受人为活动(滥砍滥伐、商业养殖)影响,生态系统已经出现退化。

(四)修复具体措施

岛国斯里兰卡分为四个不同的气候区域,具体为:干旱区①(Arid Zone)、潮湿区(Wet Zone)、中部过渡区(Intermediate Zone)以及干燥区(Dry Zone)。其中,干旱区位于西北部和南部;潮湿区位于西南部;干燥区位于北部和东部(见图1.21)。东南亚海啸发生前,斯里兰卡科研机构已经对本国的红树林分布、生长状况以及环境胁迫因素进行了跟踪研究,初步掌握了灾害发生前夕红树林的本底现

---

① 斯里兰卡干旱区和干燥区区别在于年均降雨量,干旱区年均降雨量小于 1 250 mm,而干燥区年均降雨量小于 1 750 mm。

状。因此，恢复工作将掌握的红树林生态系统本底现状作为未来恢复基线。但是，参与红树林恢复工作主要为 NGO 非政府组织和公益组织，缺乏红树林生态系统保护和恢复的基本知识和专业技术。恢复工作开展前没有进行现场调查，也没有采用斯里兰卡研究机构调查的本底数据，仅是盲目地将幼苗直接栽种到恢复区域。后期幼苗的补植养护工作也没有落实到位，管理出现缺位。项目实施五年后，相关研究机构开展恢复成效评估，结果显示 80% 恢复的项目都以失败告终（见图 1.22），幸存的红树幼苗面积不超过 220 hm^2。

图 1.21 项目位置

图 1.22　现场照片(照片序号对应图 1.21 位置)

（五）修复成效

1. 生态系统恢复效果

由 NGO 和其他社会公益组织开展的红树林恢复是失败的，总共 23 个恢复点位中，九个点位目前已经没有任何幼苗存活，仅有两个点位幼苗保存率超过 50%。究其原因，首先，参与红树林恢复的人员不具备红树林生态系统保护基本专业知识和技术，没有进行恢复前的本底调查工作，没有掌握恢复区域的土壤、盐度、植被情况，恢复工作是在没有基础数据，没有恢复技术指南的情况下盲目开展的。其次，在恢复区域选择上也存在着误区，多数恢复区域集中在干旱区和干燥区。红树幼苗在生长初期需要淡水补充，而这些区域无法满足幼苗生长需要。再次，在恢复过程中，没有选择当地的原生天然红树林作为先锋树种，而是选用了木榄、海桑等不耐盐、不耐淹的树种。最后，恢复工作最重要的是对新植幼苗的后期管理，但是整个项目就没有制订对红树幼苗后期管护这项工作计划。因此，整个项目几近失败是可以预料的。

2. 对当地经济社会发展的促进作用

显然，恢复项目的失败没有对当地的经济社会产生期望的影响。项目失败后，政府依然允许当地居民砍伐海啸过后幸存的红树林获取木柴，非法养殖、非法捕捞等经济活动屡见不鲜。

（六）经验教训总结

（1）红树林恢复工作涉及政府多个部门的协调和合作，各个环节应协调一致，沟通顺畅以确保恢复工作不同阶段的工作需求。

（2）恢复工作需要具有基本的红树林生态系统保护知识和技术，只有在专业的技术指南（导则）的帮助下开展恢复工作，才能保证恢复效果。

（3）需要政府部门从制度层面出台相关的支持、鼓励政策，协助开展红树林的恢复工作。如转变当地居民改变毁林的营生模式，鼓励引导当地居民开展合理利用红树林，实现"生态保护+改善生活"的可持续发展模式。

（4）本底调查（盐度、水文、底质、种群、宜林地等）是红树林生态系统恢复前的必要基础性工作。

（5）恢复后期完善的管理和监测制度是提高红树幼苗保存率的保障。

（6）诚然，红树林是海洋与陆地之间的天然屏障，对海岸安全有着显著的保护作用。但是，如果以种植红树林作为保护滨海海岸的目的，需要从科学、经济角度进行评估，因为部分地区并不适宜种植红树植物，而且可能需要付出更大的代价。

（七）长效管理机制

项目没有制定任何后期管理制度，以至于一段时间后部分点位的红树幼苗全部死亡，这也是项目失败的直接原因之一。

（八）资金来源

项目的累计投资总额超过 1 300 万美元，约合 6 500 美元／hm^2。

资料及图片来源

SUNANDA KODIKARA K A, 2017. Have mangrove restoration projects worked? An in-depth study in Sri Lanka, is published in Restoration Ecology . This article assessed the 23 failed projects in Sri Lanka and assesses how to move forward with mangrove restoration in the future.

六、厄立特里亚马萨瓦(Massawa)红树林移植

(一)项目概况

厄立特里亚位于非洲东北部(图1.23),全国大部分地区雨量不足,尤其是红海沿岸平原,一年中大部分时间干旱,呈沙漠状态。全国拥有超过1 200 km的海岸线,分布于红海沿岸,其中大部分是平缓的海滩和浅水海湾。河口季节性降水携带着来自内陆地区的大量沉积物、养分(氮、磷、铁)汇入红海,为红树林创造了理想的生长条件。该国原本没有红树林分布,而曼萨纳尔(Manzanar)项目的实施不仅使厄立特里亚拥有了占厄立特里亚潮间带总面积15%的红树林,还解决了当地居民的生存问题。

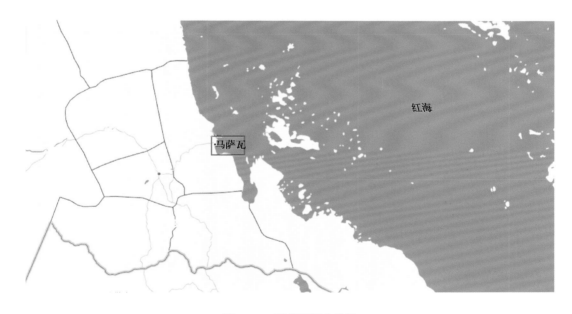

图1.23　马萨瓦所在位置

曼萨纳尔项目是一位日裔美国人佐藤博士发起并实施的,旨在利用独创性和低技术含量的实施方案来解决落后国家和地区的饥饿、贫穷问题。红树林恢复成为该项目在厄立特里亚的重要内容,通过红树林的移植来建立当地居民和自然环境和谐共生、互相依存的关系。

（二）实施时间

1988 年 1 月项目开始实施，结束时间不明。

（三）生态系统退化原因

由于连年战乱引发的饥荒困扰着厄立特里亚东北部红海沿岸居民。背靠大海却不能利用海洋资源，依靠现有的条件无法解决当地居民的生存问题。需要在资金和技术有限的条件下，探索出一条适合当地实际情况的生态改造路径。项目实施前，沿岸基本上无红树林分布。但是，沿岸分布多个河口，且每年雨季输出的沉积物中含有大量的红树林生长所必需的氮、磷、铁等营养物质，为红树林恢复提供了良好的生长条件。

（四）修复具体措施

1. 苗圃育苗

选择非洲北部沿岸广泛分布的白骨壤作为红树林恢复的先锋树种，将收集的果实在沿岸苗圃进行育苗（图 1.24），直至生根。

图 1.24　苗圃育苗

2. 滩涂改造

厄立特里亚东北部红海沿岸海底地形平缓，需要对恢复区域进行人工挖深至当地平均海平面以下 1 英尺（约 0.3 m），使白骨壤幼苗得到海水的充分浸淹，满足其生长所需要的潮汐水文环境。

3. 幼苗移植

将苗圃培育的白骨壤幼苗按照株距 1.5 m×1.5 m 的距离，移植在改造后的滩涂上。幼苗移植工作完成后，根据管护方案，实施后期管理。主要涉及：跟踪幼苗生长状态；定期清理死苗；监测藤壶等潮间带附着生物等工作。

4. 生态养殖

红树林内掉落的果实和叶子可以用来喂养骆驼和山羊，利用骆驼粪和羊粪进行堆肥培养的藻类可以用于喂养一种当地淡水鲻鱼。这种鲻鱼长到 1 磅左右时，经加工后可以作为沿海滩涂高位养殖的饵料。如此形成了红树林原始循环生态利用模式。

（五）修复成效

1. 生态系统改造效果

红树林的种植重构了厄立特里亚东北部海域海岸带生态系统，红海沿岸形成了 100 m 宽的林带，种植红树 100 万株，红树林覆盖面积占全国潮间带总面积的 15%（图 1.25 至图 1.27）。潮间带生物量和生物种类有了明显提升，同时也提升了海岸带景观层次。

图 1.25　附近村庄妇女被雇佣进行红树造林工作

图 1.26　高潮时的红树幼苗(1 年生)

图 1.27　Hargigo 村沿岸滩涂已经种植了 100 万株红树幼苗

2. 对当地经济社会发展的促进作用

红树林移植后,沿海岸线形成了 100 m 宽的林带。红树林地面积占厄立特里亚潮间带总面积的 15%,主要分布于干旱地区的河口。

(六)经验教训总结

毫无疑问,该项目的实施是成功的。它的意义不仅在于在无红树林分布的滩涂上成功地种植了红树林(没有产生生物入侵问题),而且利用红树林生态系统产生的生态效益改变了沿岸居民的生活方式,利用有限的资金和技术最大程度上解决了沿岸居民的生存问题。项目的经验和成果对解决不发达国家或地区类似问题具有极大的推广价值。

（七）长效管理机制

目前曼萨纳尔项目正依据后期管理方案继续实施。同时，项目也在根据实施过程发现的问题不断调整。

（八）资金来源

项目资金来源于佐藤博士提供的 50 万美元，同时，厄立特里亚政府也匹配了部分资金。

资料及图片来源

佐藤（Dr. Gordon Sato）博士提供的项目材料。

https：//www.ser-rrc.org/project/eritrea-the-manzanar-project-mangrove-afforestation-near-massawa/.

http：//www.tamu.edu/ccbn/dewitt/manzanar/default.htm.

七、印度尼西亚南苏拉威西省塔纳凯克岛(Tanakeke Island)废弃鱼塘生态化改造

(一)项目概况

塔纳凯克岛位于印度尼西亚南苏拉威西省的西南海域附近(见图1.28,图1.29)。该岛是一个珊瑚环礁,拥有珊瑚礁、海草以及红树林生态系统,陆地面积较小,其中历史上红树植物种类分布有20~25种,目前仅剩余18种。岛上居民主要是以海带养殖为生,海带养殖分布于低潮带。20世纪90年代,岛上1 776 hm²的红树林湿地中有1 200 hm²被转换为鱼虾养殖池塘,其中800 hm²养殖池塘已基本废弃。因为种种原因塔纳凯克岛居民无法继续投入以改善养殖鱼塘的修缮来提高产量,因此只能从事技术水平相对较低的海带养殖以维持生计。而剩余的576 hm²红树林经常受到周边居民的砍伐用于木炭生产、建筑等活动(见图1.30)。本项目的修复对象是对其中的400 hm²废弃养殖池塘进行生态化改造,创建红树林适宜的生境。预期目标如下。

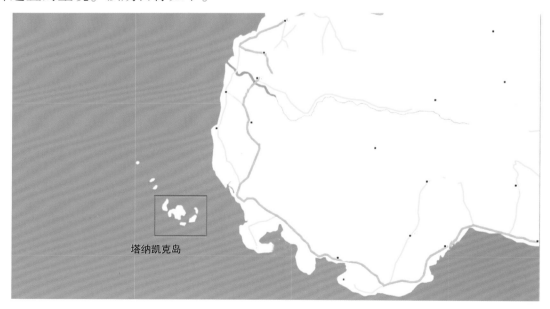

塔纳凯克岛

图1.28 项目位置

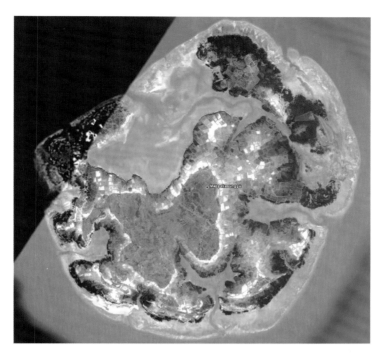

图 1.29　2006 年卫星影像显示塔纳凯克岛被养殖池塘覆盖

图 1.30　大量红树植物被砍伐用于当地生活和生产

（1）改善区域内水动力以适应恢复红树林生态系统的重建。

（2）在现场调查和周边民众调访的基础上恢复红树林种群结构多样性。

（3）制定并实施基于社区的红树林保护和管理政策。

（4）对周边社区民众（尤其是妇女和儿童）开展红树林保护和合理利用相关知识的培训和教育，提高民众的保护意识，引导并鼓励开展红树林生态资源的可持续合理利用。

（5）在地区一级成立红树林利益相关者管理工作组，指导塔纳凯克岛红树林生态系统的保护和可持续利用。

（二）实施时间

2010—2014 年。

（三）生态系统退化原因

20 世纪 90 年代塔纳凯克岛海水养殖发展迅速，围垦了大量的滩涂和红树林湿地用作养殖池塘。然而，随着养殖池塘自身污染的加剧，养殖成功率、产量和产品质量下降，导致大部分养殖池塘已经废弃（图 1.31）。与此同时，沿岸居民对现有红树林资源灭绝式索取以致海岸受到严重侵蚀、洪水肆虐，沿岸生态安全受到严重威胁。塔纳凯克沿海地区陷入了红树林湿地被侵占—围海养殖池塘废弃—现有红树林被砍伐—自然灾害频发—红树林湿地面积继续锐减的恶性循环。

图 1.31　项目实施前废弃养殖池塘状况

（四）修复具体措施

1. 恢复前的调查评估和规划

首先，对恢复区域进行水动力（沉积侵蚀作用、高程、潮汐浸淹时间等要素）、生态环境（生物多样性、生物个体、种群群落）、干扰因素（人为和自然干扰因素）以及生物因素（植物、动物）的综合调查评估目标区域是否适合开展恢复工作。然后，召集利益相关方研究讨论恢复工作实施计划和后期管护安排，同时厘清废弃养殖池塘权属问题。对周边民众开展基于废弃养殖池塘生态化改造的培训和教育，雇佣部分劳动力开展恢复工作。

2. 废弃养殖池塘拆除和恢复条件营造

由于海岛地形和环境的影响无法利用大型机械设备进行场地平整，因此，雇佣大量当地民众拆除现存的废弃养殖池塘以及防波堤等改变原有红树林湿地自然属性的人工构筑物。随后开展潮沟挖掘工作，恢复近岸海水和红树林湿地的物质和能量交换，为后期红树林湿地恢复创造自然条件。种植的红树幼苗至少应位于当地平均海平面以上才能获得较好的恢复效果。因此，根据现存红树植物分布高程调查结果比较恢复区域的高程条件，对高程较低的区域进行高程抬高工作。

3. 造林方法

根据红树林恢复技术相关研究统计、该海域潮汐特征(正规全日潮)以及本地种红树植物种子的特征，红树林恢复技术采用胚轴插植造林的方法能有效提高红树幼苗保存率。胚轴插植造林是将胚轴(胎生苗)直接栽入土壤基质，插入深度约为胚轴长度的 $1/3 \sim 1/2$。

(五)修复成效

恢复工作完成三年后，恢复区域红树植物平均密度为 1 039 株/hm^2；同时增加了三个红树植物种类且密度与恢复的种类相同，红树林平均密度与恢复时间之间显著正相关性。监测显示，红树植物幼苗正不断进入原有废弃养殖池塘区域，预计 2~3 年后恢复区域红树林密度还会继续提高(见图 1.32)。

(六)经验教训总结

(1)建议红树林恢复条件营造过程中适当栽植一些本地盐沼植物，以有利于恢复滩涂的促淤，同时利于稳定插植的胚轴，还能改善湿地土壤条件。

(2)通过"破堤还海"和"退养还湿"的方式实现了红树林湿地的恢复，扭转了红树林湿地退化以及海岸生态安全恶化的严峻形势，通过对沿岸居民的教育和宣传改变了对传统资源的利用方式，提高了居民对红树林的保护意识和责任。

图 1.32　(a)组织当地居民人工挖掘的长为 1.2 km 的潮沟,用于排净废弃养殖池塘内的积水,为后续恢复营造条件;(b)人工潮沟形状蜿蜒曲折;(c)和(d) 32 个月后的杯萼海桑和正红树

(3)对于贫困地区的红树林恢复来说,恢复工作不仅仅局限于对红树林资源的恢复,更重要的是利用有限的资源帮助当地居民转变和提高资源的利用方式和效率,进而逐步改变以往固有的落后的生产生活方式,在这一过程中政府负有着不可推卸的责任。

(七) 长效管理机制

作为红树林恢复工作的一部分,适应性管理在现场恢复工作完成后就应该开始执行。主要工作内容是教育当地居民合理利用红树林资源。由于塔纳凯克岛资源贫乏、土地稀缺,除了红树林资源基本无任何木材资源,因此,现阶段红树林仍然是岛上居民赖以生存的主要生产生活资源,直接获取红树林林木资源也是岛民资源利用的主要方式。政府对红树林林木资源的获取也提高了要求,首先应经土地产权人同意,同时实施"伐一补五"的管理手段,即砍伐一株红树植物应至少补种 5~10 株红树植物，以保证红树林种群数量维持稳定。

（八）资金来源

项目总投入为 59 万加元，由加拿大国际开发署（CIDA）和英国乐施会（OXFAM-GB）共同承担，其中加拿大国际开发署承担 90%经费，其余由英国乐施会承担。

资料及图片来源

LEWIS R R，BROWN B，2014. Ecological Mangrove Rehabilitation A Field Manual For Practitioners.

八、美国圣弗朗西斯科湾贝尔岛修复（Bair Island）

（一）项目概况

贝尔岛位于加利福尼亚州圣马特奥县的雷德伍德城（图1.33），由外部、中部和内部组成。从历史上看，贝尔岛是圣弗朗西斯科湾贝尔蒙特沼泽地潮汐沼泽湿地大型排水系统中的一部分，具有典型的河口地理特征，生物多样性丰富，具有珍贵的生态价值。19世纪末和20世纪初，贝尔岛一直用于农业放牧，直至20世纪40年代，贝尔岛还仍未受外界干扰，保持着正常的河口海岸湿地基本功能，为约120种鱼类，255种鸟类，81种哺乳动物，30种爬行动物和14种两栖动物提供觅食、庇护和繁殖场所，其中包括濒临灭绝的加州长嘴秧鸡、盐沼禾鼠、西部雪鸻、加州燕鸥以及加州褐鹈鹕等。1946年，莱斯利盐业公司通过修建围堤将贝尔岛改造成若干盐田，直到1965年才停止盐业生产。而大量废弃的围堤阻挡了该岛正常的潮汐运动，导致盐田内原有盐沼湿地丧失了生态功能，大量本地原生物种消失，部分濒危野生动物濒临灭绝。

图1.33　项目位置

面对以上问题，圣弗朗西斯科湾野生动物协会（SFBWS）和美国鱼类及野生动物管理局（USFWS）制定了贝尔岛恢复目标，并明确具体修复对象。其中修复目标为：

（1）恢复贝尔岛原有盐沼湿地生境；

（2）为濒危和本地原生物种提供栖息地；

（3）增强公众对贝尔岛独特生态资源的认识和保护意识。

具体修复对象为：

（1）恢复和提升珍稀濒危物种加州长嘴秧鸡和盐沼禾鼠的栖息地；

（2）在兼容加州长嘴秧鸡和盐沼禾鼠生存环境条件下，创建和提升加州燕鸥以及加州碱蓬的适宜生境；

（3）尽量减少对敏感物种的干扰；

（4）开展对蚊子、有害捕食生物以及入侵植物的控制；

（5）通过为公众提供野生动植物休闲娱乐以及科研的机会，提高公众对贝尔岛独特资源的认识，以提高公众的保护意识。

（二）实施时间

2007—2016 年。

（三）生态系统退化原因

1946 年，盐业公司获得贝尔岛土地使用权，修建了大量人工堤坝将海岛改造成盐田，围堤阻隔了正常潮汐运动，阻碍了湿地内部与海岸带之间的物质交换，致使湿地内生物种群数量下降，部分野生濒危物种濒临灭绝。

（四）修复具体措施

贝尔岛盐沼湿地恢复工作主要分为内部、中部和外部三个部分（见图 1.34），共计恢复 567 hm² 湿地。恢复工作主要是通过航道改造最大程度上减轻雷德伍德（Redwood Creek）航道沉积速率较高以及皮特外港流速过快对修复工程实施的不利影响。恢复和重建潮汐运动通道，在潮汐运动过程中使贝尔岛的三个部分能够充分被潮汐浸没，恢复原有物质交换通道，重新建立与海岸带生境的联系。中部和外部的工作方案基本一致，具体修复内容和措施如下。

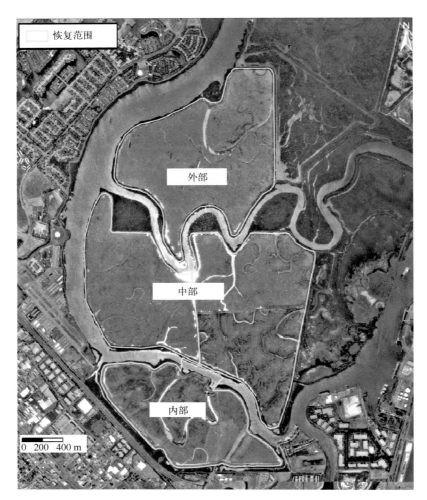

图 1.34　贝尔岛恢复范围

1. 内部区域

贝尔岛内部区域高程较低，平均高程仅为当地平均海平面，故利用中部和外部以及周边海湾清淤开挖的疏浚物填充到内部地势较低的区域。需要在内部区域建立不同的高程生境，满足不同的盐沼生物生存条件，高程增加在 61~91 cm 范围内，总共向内部区域填充近 5.0×10^5 m^3 疏浚物，而附近红木溪疏浚物总量为 5.38×10^5 m^3，开挖量与填充量基本一致，大大节省了时间和成本。

在抬高内部区域高程的同时，项目拆除了区域内的围堤，目的是使潮汐水流自然通过，恢复原有物质交换。在内部区域修建一条长约 4.3 km 的休闲步道和一座观景平台，为公众提供休闲、健身、欣赏景观以及宣传湿地保护的公共空间。

2. 中部和外部区域

采用破堤引潮的方式恢复贝尔岛中部和外部的滩涂。项目将保留为保护基础设施或防止海水侵蚀而修建的堤坝，拆除贝尔岛中部和外部原有潮汐通道的围堤，根据历史上潮沟分布和走向挖深拓宽潮汐通道，恢复潮汐运动的自然流向。尽可能增加岛内涨退潮时海水通过范围，同时增加潮汐通过路径。

工程完工后随着潮汐运动的恢复，河口下游淤泥质岸滩通过自然沉积逐渐形成适宜芦苇和蒿草生长的海拔高度，为盐沼植物生长创造条件。本地原生盐沼植物会自然占领高程适宜的滩涂，植被种类会逐渐丰富，以盐沼植被为栖息地的各种动物种类和个体数量也会逐渐增加。从已有工作经验来看，上述情况会最先出现在恢复区域外围，并逐渐向恢复区域内扩展，预计在 30~50 年内，贝尔岛中部和外部恢复区域将会被大量的盐沼植被覆盖，物种多样性会达到或超过历史水平，生态结构会趋于稳定。

（五）修复成效

1. 生态系统恢复效果

贝尔岛废弃盐田湿地恢复工作已启动近十年，原有废弃盐田通过围堤的拆除已经与周边海岸带环境相融合，特别是后期开展了本地植被人工恢复工作，本地植被覆盖度有了大幅度提升，其他生物种类也随之丰富（见图 1.35，图 1.36）。

2. 对当地经济社会发展的促进作用

项目的实施不仅使贝尔岛恢复了盐沼湿地的生态功能，通过休闲步道、观景平台等亲近自然的人工构筑物的建设让公众享受到盐沼湿地提供的生态服务，同时让人们了解学习了湿地恢复的整体过程，让公众参与贝尔岛的恢复工作，并招募志愿者参与湿地保护区的管理工作。

图 1.35　恢复现状

图 1.36　岛上生物

（六）经验教训总结

1. 植物自然定植差异

由于潮水中悬浮泥沙浓度的空间差异、潮差的初始变化以及拆除围堤的盐田内海拔高度的差异，自然定植的盐沼植物会因此而有所不同。

2. 对原本地物种的引入

贝尔岛历史上曾经分布一种本地红狐，恢复工作中也将其列为物种恢复目标。但是，在恢复过程初期阶段没有考虑红狐与本地其他动物引入的时间次序，导致红狐的潜在猎物(长嘴秧鸡、盐沼禾鼠)恢复效果较差。

3. 疏浚物的合理使用

周边区域的疏浚物是降低高程抬高工作成本的重要原因，但是大量疏浚物泥浆覆盖在恢复区域表面会影响原有植物和底栖动物的正常生长。

(七) 长效管理机制

贝尔岛恢复工作实施前，项目组已经制订了详细的监测评估计划(Bair Island Restoration Project Monitoring Plan)，将潮汐水动力要素、盐沼地形变化、盐沼植被种类及数量、动物种类及数量列为重点监测对象，通过对上述监测目标的定期观测，及时掌握恢复过程出现的问题，不断调整纠正管理方式。

(八) 资金来源

项目资金总额 1 000 万美元。项目支持单位包括 NOAA 基于社区的恢复计划(NOAA Community-Based Restoration Program)、联邦政府、美国鱼类和野生动物管理局以及一些跨国企业等。

资料及图片来源

HARVEY H T, 2004. Bair Island Restoration Project Monitoring Plan.

MELEN M K, 2016. Habitat Restoration at Inner Bair Island.

九、美国梅德福德（Maidford）盐沼湿地修复

（一）项目概况

梅德福德盐沼湿地位于美国罗得岛州米德尔敦镇（Middletown）阿奎德内克岛（Aquidneck Island）的东南部，部分区域位于萨楚斯特角国家野生动物保护区（Sachuest Point National Wildlife Refuge）内（图1.37），盐沼湿地为多种鱼类、鸟类以及无脊椎动物提供了栖息地和索饵场。历史上，罗得岛近70%的捕鱼活动依附于滨海盐沼湿地，而罗得岛州的湿地生态环境一直遭受经济发展、水污染以及内涝等人为和自然因素的威胁。

图 1.37　项目位置

正常条件下，滨海盐沼湿地通过潮汐和波浪的作用逐渐聚集沉积物，经过长时间的堆积缓慢地发育为新的湿地，扩大原有湿地面积和范围。但是，由于海平面上升、极端天气（2012年桑迪飓风袭击）等因素的影响，造成了梅德福德盐沼湿地面积严重萎缩、海岸严重侵蚀、部分本地物种消失等生态环境问题。2013年联邦政府通过相关法案，拨付专款用于修复因灾害而受损的地区。2015年，梅德福

德盐沼湿地实施修复工作，总计恢复湿地面积 4.45 hm^2。具体目标为：

（1）实施河道清淤，解决梅德福德河口淤积阻塞问题；

（2）恢复梅德福德盐沼湿地原有高程；

（3）改善湿地内水质；

（4）解决芦苇入侵问题；

（5）改造影响河道行洪和海岸生态功能的基础设施。

（二）实施时间

2015 年 5 月至 2019 年 5 月。

（三）生态系统退化原因

海平面上升是梅德福德盐沼湿地面积萎缩的主要原因。2012 年飓风桑迪袭击本地，连日的暴雨和狂风大浪严重侵蚀着海岸。飓风经过期间由于连日暴雨导致沼泽湿地内河道行洪能力下降并造成洪水泛滥，由于水交换阻断部分区域出现了污染。暴雨冲刷盐沼湿地致使表面盐度和湿地高程都明显下降，区域内动植物栖息地被水淹没，湿地内动物种类和数量大幅度下降。与此同时，湿地出现了入侵植物——芦苇。

（四）修复具体措施

1. 恢复湿地排水系统

造成内涝的主要原因：①现有排水设施中的沉积物淤积严重，堵塞了河道；②盐沼湿地内的高程降低，导致积水无法及时排出。湿地地表排水系统的瘫痪以及暴雨冲刷造成的地表高程降低，导致湿地内植被被水浸淹时间过长而死亡，是区域内植被灭失的主要原因。恢复现有排水系统，采用小型挖掘机等设备进行拓宽、加深排水通道的工作，其中在北部和南部挖掘深度平均为 0.46 m，中部地区平均挖掘深度为 0.58 m。具体措施如下。

（1）改造并加深现有的排水系统，包括由于沉积作用严重影响排水功能的潮沟和废旧沟渠。

（2）设计并修建新的排水系统，主要是利用沼泽地表面现有的小河道或较浅的水沟进行挖深改造，以连接现有的河道和排水渠。由于北部和中部区域的高程相对较高，这些区域将进行更为密集的排水系统修建和改造工作。

2. 清除入侵植物——芦苇

芦苇是普遍存在于梅德福德盐沼湿地的入侵植物，由于其不存在天敌，而且在恶劣环境下能够生存，故剥夺了本地植物的生态位，占据了大片湿地空间，还阻塞了河道，影响了行洪效果。采用化学和物理手段对其进行灭除，总计消除芦苇 4.2 hm²。一般情况下，化学方法选择浓度为 1%～1.5% 的草甘膦溶液，对于芦苇密度较大的区域采用草甘膦+咪唑烟酸混合溶液进行喷洒。如果目标区域没有其他本地的沼泽植物，可直接将除草剂喷洒到目标区域；如果区域中混有少量芦苇，可采用向芦苇茎内注射等方式施加除草剂，避免影响其他本地植物。在大面积分布芦苇的地区可以采用机械设备对其进行物理消除。

3. 恢复湿地高程

利用清淤以及挖深水道的底土，在湿地北部和南部通过实施提升高程的工作，经过工程手段将区域高程提升 0.67～0.7 m（高程基准使用 NAVD88，北美高程），两个区域共恢复 6.67 hm²。

高程提升完成后，种植互花米草等本地植物有助于底土附着于表面。另外，区域高程提升 1.2 m 后有助于本地植物的回归，也能最大限度地减少和限制外来植物入侵。在清淤河道和潮间带种植互花米草有助于减少侵蚀。

通过对以上两个区域高程的抬升，重建其地表基质环境，恢复区域原有的植被种类，提高生态环境的恢复力以应对海平面上升带来的负面效应。

4. 提升梅德福德河口水交换能力

由于河口淤积以及尺寸限制等原因延长了湿地区域的行洪周期。根据上述问题，在梅德福德河口设置透水涵洞，增加单位时间水流量（见图 1.38，图 1.39）。

此方案使湿地在暴雨期间能够尽快将积水排净，同时携带大量的沉积物和养料在大潮期间输送到湿地内部，促进湿地面积的扩大。

图 1.38　梅德福德河口

图 1.39　修复后河口涵洞

5. 改造影响湿地生态功能的基础设施

对影响行洪效率的停车场和道路进行改造和拆除。抬高积水路段的地势，改造原有停车场，重新铺装透水地砖，减少暴雨产生的积水和冬季地面结冰。

（五）修复成效

通过以上修复工作的实施，改善了梅德福德河口排水能力；缓解了道路和盐沼湿地内涝的情况；湿地原生本地动植物物种多样性提高；潮间带侵蚀现象逐步消失，提高了抵御风暴潮的能力；新修建的水道和沟渠为物质和能量交换提供了通道，重新建立了湿地与海岸带之间的自然联系（图1.40）。

图1.40　道路与河之间的绿地缓冲

（六）经验教训总结

（1）可以利用挖掘或清淤的底土来抬高地势较低的区域，这样既可避免引入外来物种，又降低了工程费用。

（2）湿地高程恢复的时间应避开盐沼麻雀产卵的季节（每年4—8月）。

（3）将带有入侵植物芦苇的底土堆放到低潮带海水淹没区域，使其浸没至海水中，防止其再生。

（4）实践表明，除草剂搭配机械设备的方式对去除芦苇有较为理想的效果。尽量在无风或微风的天气使用除草剂，以减少溶液飘落到其他本土植物上。

（5）高程提升工作建议在冬季完成，以避免对原有湿地表面的破坏。另外，要考虑工程对湿地动物产卵、栖息的影响。

（6）通过修建透水涵洞能够有效进行沉积物与水的交换，但是也需要定期清理涵洞的淤积物。

（七）长效管理机制

在项目实施的同时开展相关要素的监测工作，主要包括以下几个方面。

（1）潮汐通道、水道的水面高度。

（2）湿地内土壤盐度。

（3）利用 RTK 对湿地高程进行跟踪。

（4）植被种类、丰度、群落、植物单体高度、密度以及地上生物量。

（5）入侵植物监控。

（6）暴雨前后水质监控。

（八）资金来源

本项目受美国联邦政府资金支持，共耗资 64.4 万美元。

资料及图片来源

CENTER FOR ECOSYSTEM RESTORATION, 2015. Maidford Salt Marsh Restoration Draft Project Description.

https：//www. ecorestoration. org/sachuest-bay？lightbox＝i31ki1

十、美国加利福尼亚州圣克鲁斯岛湿地恢复

(一)项目概况

圣克鲁斯岛位于加利福尼亚州南部太平洋海域海峡群岛国家公园(Channel Islands National Park)保护区内(图 1.41),是海峡群岛中最大的岛屿,面积达 25 000 hm²,海岛地形险峻崎岖且地貌多样,其中包括了面积为 33.7 km² 的盆地,以及一条 4 km 由中央山谷流向太平洋的径流,而在该岛囚徒港(Prisoners Harbor)存在的沙洲阻碍了河水流入海洋,因而形成了一片面积为 4.86 hm² 的海岛淡水湿地生态系统——潟湖。因海水倒灌或风暴潮将海水卷入潟湖,水质盐度会上升;在雨季由于降雨或洪水注入潟湖,水质盐度会下降。同时,降雨或洪水也携带大量营养物质和有机物输送到湿地和平坦的河口地区。囚徒港历史上生活着丘马什人(海岛先民,属于印第安人),具有悠久的历史文化,岛上仍现存有多处历史遗迹。19 世纪 40 年代该地曾被墨西哥政府用来关押罪犯,而现今该地区每年有超过 8 000 名游客登岛来此观光,欣赏海岛景观和文化遗迹。

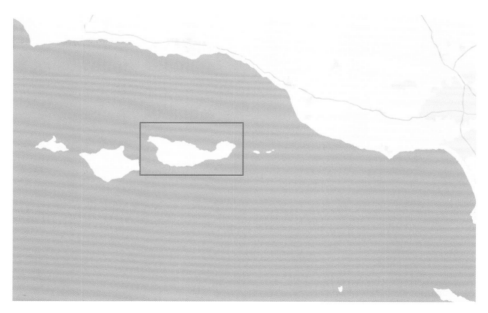

图 1.41　恢复前规划

20 世纪中期，该地区兴建农场养殖山羊。农场主在近岸陆地区域修建了 1 m 高的堤坝，同时用石块和沙子垫高了湿地部分区域以适用于养殖。此举完全切断了河道与湿地漫滩之间的连接，破坏了湿地——海岸的自然生态功能，如湿地土壤中固碳，阻碍行洪，过滤从流域输送的营养物、沉积物和有机物，以及维持多样化和高质量的生境等。项目总计恢复面积为 1.25 hm²。

（二）实施时间

2004—2011 年。

（三）生态系统退化原因

20 世纪中期，由于该地区开展畜牧饲养，农场主通过修建防浪堤坝、抬高湿地区域内高程等措施对湿地范围内的土地进行改造。这些工程彻底割裂了湿地与近岸海域、周边淡水水域的联系，加重了地区行洪的压力和风险，降低了区域内动植物种群多样性以及湿地景观层次。

（四）修复具体措施

项目的主要目标是恢复原有湿地植被，提高植物种群多样性。根据修复目标采取以下措施。

1. 修复区域布局设计

自 2004 年 12 月起，项目组在修复区域设置了 18 个地下水位监测井（见图 1.42），通过近两年的定期监测地下水位评估该区域湿地修复采用的植被种类以及具体措施。根据植物群落与地下水位深度的关系，最终确定了修复区域地形与坡度的大致走向以及区域整体各景观的结构布局。

2. 修复区域场地平整及入侵植物去除

开展植被恢复前将区域内原有牲畜养殖围栏拆除，同时清除了填埋区域内的混凝土桩、碎石以及其他杂物，将原有土壤和填埋土进行分离。清除区域内入侵植物，如蓝桉、东非狼尾草等。恢复区总计挖掘 7 645 m³ 的填埋土，同时重新打

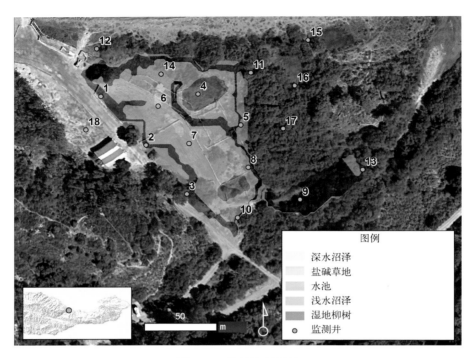

图 1.42　植被恢复规划

通河道与湿地的连接。

3. 植被恢复

植被恢复分为播种和幼苗栽种，区块恢复情况见图 1.43 至图 1.46。

为了保持海岛物种基因型的完整性，减少在苗圃中运输外来物种的风险，在 2004—2010 年间，项目组在圣克鲁斯岛收集了 8 种、30 kg 本地植物的种子，并将这些种子保持在恒温环境中（大约 22℃），然后在修复范围内均匀播撒，同时将约 4.5 kg 的非洲栎橡种子直接种植到恢复区。

将本地原生柳树沿恢复区域栽种（见图 1.42）。接下来在 2011 年 11—12 月间，根据植物的生长特点以及需水量在合适的区域栽种了湿地幼苗，其中包括：深水沼泽植物、浅水沼泽植物、盐碱植物以及湿地柳树，数量总计约 15 000 株，株距规格为 1 m×1 m。

植被恢复结束后进行了必要的适应性管理。项目组于 2012 年旱季对高海拔恢复区域进行了四次灌溉。日常还通过人工去除、化学施药以及火烧等措施来控制区域内的杂草。

图 1.43　项目工程实施前(2010 年 1 月)

图 1.44　修复区域开挖前(2011 年 9 月)

图 1.45　本地植物恢复后(2012 年 12 月)

图 1.46　2013 年 6 月恢复区域植被状态

（五）修复成效

1. 水文情况

地下水位的维持和水量的补充主要依赖于降水。根据美国干旱减灾中心的资料，2011 年 11 月至 2012 年 10 月，该区域降水总量仅为 30.9 cm，而长期平均降水量为 50.4 cm（占平均降水量的 61%）。在经历了相对湿润的 11 月之后，12 月到翌年 3 月的降水量只有 14.2 cm（为正常降水量的 36%）。第二年（2012 年 11 月至 2013 年 10 月）旱情持续，降水量仅为 22 cm（平均降水量的 44%）。

在植物生长季节，湿地区域地表 0.3 m 以内地下水位保持必须连续 14 天或更长时间。2012—2013 年雨季的干旱情况非常严重，以至于这些沼泽监测井大部分时间都处于干旱状态。

另外，由于旱季时期降水的大量减少没有形成足够的地表径流，因此也无法验证拆除向海一侧护堤是否已将湿地与地面水道重新连接。

2. 植被情况

根据调查监测结果，以播种方式恢复的植被仅有一种植物的丰度略有增长，其余植物丰度基本无显著变化或略有降低。

以栽种方式恢复的植被中，湿地柳树的数量显著增加；尽管干旱情况较为严重，但深水沼泽植物加利福尼亚州蔺草（*Schoenoplectus californicus*）平均高度已达到4 m，长势良好；浅水沼泽植物开展灯心草（*Juncus patens*）也已遍布潮湿的浅水沼泽中。然而盐碱地水烛以及猪笼草则表现不佳，以至在2013年就基本消失了。

（六）经验教训总结

（1）恢复区域的水文、地形、植被等参数可以参考临近的生态系统，尽量避免引入外来物种开展恢复，重新建立恢复系统的物质、能量与周边环境的联系。

（2）随着水文条件趋于正常，邻近的植物会争夺养料、水等资源，同时可能会在部分范围形成小群落，因此需要对这类植物保持关注，减少非目标种群的干扰。

（七）长效管理机制

目前，项目工程任务已经完成，相关后期监测也已经结束。本项目为加利福尼亚州高地牧场恢复转变为保护性湿地提供了经验。

（八）资金来源

本项目资金来源不详，项目设计和实施由加利福尼亚州太平洋海域海峡群岛国家公园保护区、美国国家公园管理局水资源司共同承担。

资料及图片来源

PAULA J POWER, JOEL WAGNER, MIKE MARTIN, et al., 2014. Restoration of a coastal wetland at Prisoners Harbor, Santa Cruz Island, Channel Islands National Park, California.

十一、美国特拉华州特拉华河口活力海岸项目

(一)项目概况

特拉华河流域是美国东海岸的一个重要流域。它流经特拉华州、新泽西州和宾夕法尼亚州,为约 2 000 万美国人提供工业用水和饮用水。滨海潮间带湿地是特拉华河口生态系统中生产力最高的区域,它提供着多项生态系统服务,这其中包括:保护内陆地区避免遭受潮汐侵蚀和风暴潮的破坏;在暴雨季节调节蓄水和行洪;为潮间带生物提供栖息地和庇护所;去除水中污染物以提高水质;为渔业生产提供产卵和育苗场所;为游客提供旅游和文化交流空间。然而,目前由于受人为活动以及自然灾害(飓风、海平面上升)的影响,特拉华河口潮间带湿地正以每天 4 000 m² 的速度消失。传统上,滨海潮间带湿地保护多为物理硬质结构,如海堤、防浪堤、挡浪墙等形式。这种护岸结构虽然能在一定程度上保护滨海潮间带,但是其也严重阻碍了潮间带湿地与海水之间生物和化学的交换,造成了堤内外物质和能量的隔绝,割裂了完整的滨海潮间带生态系统。然而,有关研究表明,利用天然、材质较软的可降解的材料不仅能够提供护岸消浪的效果,而且还能稳定海岸沉积物,扩大盐沼湿地面积,同时重新建立了陆地与近岸生态系统的联系。2012 年 10 月,飓风桑迪袭击美国东海岸,这种新式的护岸经受了考验,为沿海地区提供了全新的护岸理念和尝试经验。本项目借鉴"软式"防护的经验和技术对河口刘易斯(Lewes)地区盐沼湿地和内陆湾(Inland Bays)进行了小规模的修复(见图 1.47 至图 1.49),其中,刘易斯地区盐沼湿地试验区域面积增加了 83 m²,内陆湾湿地试验区域面积增加了近 64 m²;通过栽种本地种盐沼植物互花米草使海岸线侵蚀情况得到了控制,海岸线向海一侧移动,小规模的修复试验取得了不错的效果。这种利用贝壳、原木等环境友好的材质进行海岸防护,既能使海岸位置以及形态保持稳定,又能实现动植物种群恢复的海岸成为"活力海岸"。

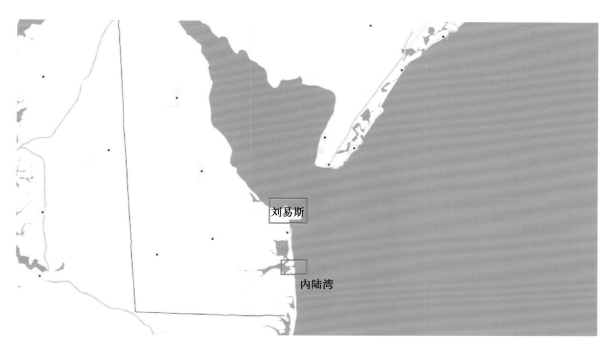

图 1.47　项目位置

图 1.48　刘易斯修复试验区修复前现场情况

图 1.49 （a）内陆湾试验区修复前情况；（b）北面为盐沼斑块，南面为受侵蚀的碎石岸段；
（c）受侵蚀的盐沼湿地；（d）盐沼湿地与碎石岸段之间的岸段

（二）实施时间

2013—2016 年。

（三）生态系统退化原因

特拉华河口支撑着一个世界最大的重工业中心、世界最大的淡水港以及美国第二大石化产品精炼中心，并且接受着 162 个工业区和城市的污水排放。在经济发展以环境为代价的年代里，特拉华河不可避免地承受着过度开发和严重污染的双重折磨，主要表现为：沿岸水质恶化、岸段侵蚀严重以及盐沼植被面积萎缩。

（四）修复具体措施

1. 刘易斯试验区修复

刘易斯试验区位于当地滨海公园棒球场侧后方（见图 1.47），该区域长期遭受海岸侵蚀的影响。项目的目标：一是稳定修复区域岸线，扭转盐沼湿地向两侧发展的趋势；二是利用环境友好型材料重构滨海盐沼湿地岸线，提升现有湿地的生态功能，如提高物种多样性、丰富种群结构及组成等。具体措施如下。

由于该区域受侵蚀影响高程下降较大，需要对侵蚀区域以及周边实施高程抬升工作，修复后区域高程不低于当地平均海平面以满足滨海湿地植物生长环境的基本要求。高程抬升采用 7 根 365 cm×40 cm 的纤维原木进行双层堆叠（图 1.50），高程总共抬升约 1.2 m。

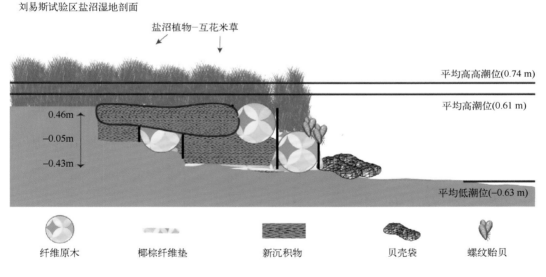

图 1.50　刘易斯试验区海岸修复剖面结构

首先，在盐沼外围设置木桩，将其与纤维原木的边缘固定以稳定堆叠的原木；其次，木桩与纤维原木之间填充螺纹贻贝以防止原木与木桩摩擦；最后，在最外围铺设装满贝壳的椰棕编织袋子，以保证堆叠原木的稳定性，同时还能积累沉积物填充原木堆叠区。

2014 年 4 月安放了第一层纤维原木，同年 10 月又安放了第二层原木，同时将底部淤积的沉积物回填至原木堆叠区。堆叠区的互花米草能够较好地固定覆盖表层的沉积物。

2. 内陆湾试验区修复

1) 内陆湾碎石岸段

该区域整体高程位于平均海平面以下,坡度均匀,砂质沉积物坚实,水体泥沙悬浮物浓度较低。前滨无贝类生存,互花米草底部残余根系留存在底部,但已基本腐败。因此,需要在前滨碎石外围重新构建沉积海岸(图 1.51)。具体措施如下。

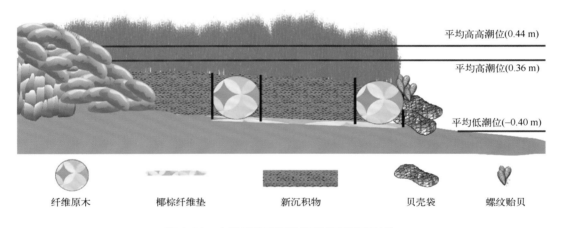

内陆湾碎石岸段剖面

平均高高潮位(0.44 m)

平均高潮位(0.36 m)

平均低潮位(-0.40 m)

纤维原木　　椰棕纤维垫　　新沉积物　　贝壳袋　　螺纹贻贝

图 1.51　内陆湾碎石岸段海岸修复剖面结构

在修复区域外围安装木桩,仍采用 7 根 365 cm×40 cm 的纤维原木进行并列排放用以收集沉积物。最外围铺设装满贝壳的椰棕编织袋子,巩固原木堆叠区。但是,该区域沉积效果不明显,前滨沉积物总量无法满足修复区域的回填需求,故需要挖掘其他区域的海砂补充该区域。

2) 内陆湾盐沼湿地岸段

盐沼湿地岸段使用了 5 根 365 cm×40 cm 的纤维原木安放在回填区域,最底层铺装了一层椰棕纤维垫,随后采取了同以上两地一致的方法将前滨沉积物以及海砂回填至修复区域(见图 1.52)。完工后该地区高程提升了近 0.3 m。

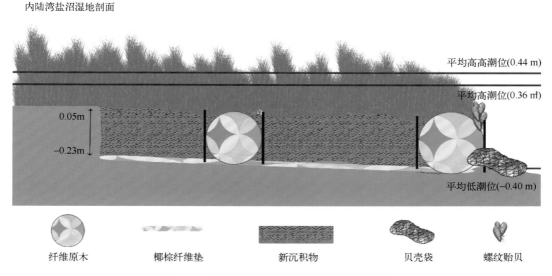

内陆湾盐沼湿地剖面

平均高高潮位(0.44 m)

平均高潮位(0.36 m)

0.05m

−0.23m

平均低潮位(−0.40 m)

纤维原木　　　椰棕纤维垫　　　新沉积物　　　贝壳袋　　　螺纹贻贝

图 1.52　内陆湾盐沼岸段海岸修复剖面结构

(五) 修复成效

工程完成后项目组对盐沼湿地高程、沉积物增量、基质稳定性、植被稳定性以及双壳类群落范围等指标进行了评估。为了便于对比，项目组在以上三个修复区域附近选取了另外三个对照监测区域，以比较修复前后上述区域监测参数的不同和修复成效。具体成效如下。

(1)2014—2016 年，刘易斯试验区湿地面积增加 83.4 m^2(见图 1.53)，对照区湿地面积减少 22.1 m^2；海岸线向海一侧移动了 2.24 m；随时间推移，盐沼湿地逐渐向海岸两侧移动；但是近岸双壳贝类数量并无明显差异。

(2)2014—2016 年，内陆湾碎石岸段形成了 146.8 m^2 的潮间带盐沼湿地(见图 1.54)，对照区湿地面积则减少了 15 m^2；海岸线向海一侧移动了 5.29 m；新形成的湿地逐渐向海岸两侧移动，且面积不断增加；双壳贝类数量略有增加但差异不明显。

(3)2014—2016 年，内陆湾盐沼湿地岸段形成了 63.87 m^2 的湿地(见图 1.55)，对照区湿地面积则减少了 7.2 m^2；海岸线向海一侧移动了 2.95 m；双壳贝类数量无明显差异。

图 1.53　刘易斯试验区修复前后海岸变化

图 1.54　内陆湾试验区碎石岸段修复前后海岸变化

图 1.55 内陆湾试验区盐沼岸段修复前后海岸变化

（六）经验教训总结

（1）在春季修复过程中，马蹄蟹经常聚集在该区域产卵，应注意对其进行适当的保护。

（2）修复区域外围的贝壳坚固耐用能够很好地保护纤维原木且不产生任何环境影响。

（3）所有修复区域的近岸双壳贝类数量和种类与对照区无显著差异，其主要原因是由于两年的时间较短，动物数量和种类的差异无法在短时间内显现，但随着区域高程的稳定以及植被种类的丰富会为今后动物种群数量增加创造条件。

（七）长效管理机制

未来将继续对修复区域进行监测，以监测记录海岸线内部和周围的物理属性和生物群落的变化。这些试验项目的成果为今后实施"活力海岸"的建设提供了宝贵的经验。活力海岸不仅仅因其结构的组成是环保和具有生命力的，更重要的是它随周边生物的恢复而发挥着生态功能。

(八) 资金来源

项目由特拉华河口伙伴组织实施，项目资金数额不详。

资料及图片来源

MOODY J D, KREEGER BOUBOULIS S, PADELETTI A, 2016. Design, implementation, and evaluation of three living shoreline treatments inLewes and Inland Bays, D E. Partnership for the Delaware Estuary, WILMINGTON D E. PDE Report No. 16-10. 54 p.

第 二 章

海滩恢复

一、中国厦门观音山海滩修复

（一）项目概况

观音山海滩位于厦门东部海岸，长尾礁与香山之间，毗邻大、小金门岛（图2.1）。项目实施前，为防止风浪侵蚀海滩长尾礁和香山之间岸段已建成护岸堤，另外因疏于管理，海滩周边遍布垃圾、碎石以及废弃的鱼塘等设施，海滩严重退化，海岸自然景观质量下降（见图2.2）。现存的海滩仅上部残留 20~30 m 宽度的中粗砂平缓滩地，并向水下大面积的淤泥质潮滩过渡。

图 2.1　项目位置

根据厦门市城市规划的总体安排，观音山海滩岸段被划为生活旅游岸段，是附近观音山商务综合体的配套设施。因此，客观上需要对该岸段进行整治修复，发挥观音山海滩景观娱乐资源的作用，对创造美好的亲海空间具有现实意义。观音山海滩修复工程取得了巨大的成效，不仅提升了海滩旅游和生态价值以及周边环境价值，还推动了观音山商务区的快速发展，提升了城市品位和周边土地价值。项目有关海滩的养护成果，对于提升我国海岸的防护理念、有效抵御海滩侵蚀、

图 2.2　修复前海滩形态

维持海滩自然状态、促进滨海旅游业的发展、推动城市旅游经济的发展，有着重要的指导意义。

观音山海滩修复共补沙 $1.21×10^6$ m^3，填沙量约 $7.4×10^5$ m^3。工程竣工后，经过多年自然过程作用和岸滩地貌调整，目前海滩全长 1.5 km，滩肩宽度稳定在 100~140 m。彻底改变了长尾礁—香山岸段脏乱的海岸地貌形态，营造了国内规模最大的人工修复海滩。

（二）实施时间

2007 年 7 月至 2010 年。

（三）生态系统退化原因

观音山海滩退化是受海岸采砂和近岸养殖两个驱动因素影响。

随着沿海经济的发展，工程建筑需沙量增加，在海岸地区的海滩、河口和水下大量采砂，造成泥沙亏损，使岸滩剖面平衡被打破，岸滩沉积物亏失，造成海岸侵蚀。

在近岸水域筑坝进行近岸养殖，致使原有海滩剖面遭到破坏，容易引发海岸侵蚀，同时破坏了原有海滩的生态系统，加速了海滩生物枯竭。

（四）修复具体措施

依据相关规划对本区域的规划定位，结合该岸段水动力条件、海滩历史演变以及近岸海域水质条件分析，项目采用生态软质修复手段即补沙方式进行海滩修复。项目遵循的理念：首先，海滩修复工程不应损坏周围景观等自然资源，应最大化工程投资与效益的费效比，以最节省的设计方案实现海滩修复；其次，根据欧美经验，修复后都有再养护工程，因此应以海滩演变的机理为依据，海滩设计目标应最大化再培养的间隔时间及最小化海滩养护费用。具体措施如下。

1. 海滩形态设计

保留香山头及长尾礁现有景观，并分别作为海滩修复岸段的两端岬角承担挡沙作用，防止填筑沙向南、北方向流失，保持沙滩宽度在 50 m 以上。通过方案比选，采用控制线将岸线控制在两个天然岬角之内，结合造滩理念与地形变化因素对岸线做适当调整。

2. 海滩剖面设计

当地平均大潮高潮位（MSHTL）为在黄海平均海平面以上 3.64 m（即厦零基准面以上 6.59 m），滩肩高程参照黄厝沙滩滩肩高程设计在黄零以上 4.0 m，滩肩宽度为 30~80 m。

综合考虑砂质对人体的舒适度及填沙粒径与动力环境的一致性，以选择中值粒径（d_{50}）为 0.5 mm 的沙作为填筑沙进行剖面形态的设置与分析。

平均大潮高潮位以下按填沙中值粒径（0.5 mm）的平衡剖面作为填沙滩面形态。平衡剖面的测算按照相关公式计算滩面剖面形态。根据滩肩和滩面的设计标准确定海滩剖面形态（见图 2.3）。

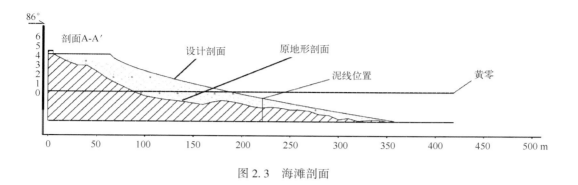

图 2.3 海滩剖面

3. 沿岸泥沙运动分析

计算设计后的海滨沿岸净输沙率，将全岸段划分为 14 个单位长度为 100 m 的岸段，逐一计算补沙后各岸段的年净输沙方向及其年净输沙率变化。

(五) 修复成效

1. 海滩宽度变化

项目总计修复海滩长度约 1.5 km，滩肩宽度 50~80 m(图 2.4 至图 2.6)。

图 2.4 项目实施中

图 2.5 项目完工

图 2.6   2018 年观音山海滩状况（由南向北方向）

2. 剖面变化情况

滩面在中潮带上部蚀退、下部堆积，说明滩面形成过程波浪对泥沙以离岸输沙为主。部分剖面出现淤涨，主要是由于两处离岸岛礁与排水管涵遮掩，而有向海发展沙嘴的趋势。滩面受水动力作用沉积物厚度在 20 cm 以内，变化幅度较小可能由于抛沙粒径粗或者动力条件弱所致。

3. 潮间带沉积物变化情况

各剖面沉积物粒径由粗至细变化依次为：中潮带＞低潮带＞高潮带，主要是由于中潮带是波浪作用频率最高带且滩面陡沉积物粒径最粗，而细粒物质则被搬运到低潮带坡度较缓处淤积，高潮带接受水动力最弱分选能力差，沉积物厚度小、颗粒细，这种现象可以说明滩面正处于形成过程中。在高中低潮带上沉积物粒径随剖面变化是一致的，亦可以说明波浪对整个沙滩的作用方式是相同的，只是受地形影响波浪作用的强度不同。海岸线的变化没有明显的表现，岸线对水动力的响应速度要比剖面慢。

（六）经验教训总结

1. 选址

选址条件包括海洋功能区划、水动力条件、海滩演变历史及优良水质，但应当指出，海湾潮间滩地总体上处于淤积状态，其中沉积物有朝细粒化方向变化的趋势。抛沙后人造沙滩"泥化"问题也是选择修复岸段需要考虑的要素，对其底质和悬浮体的分析十分必要。

2. 海滩设计

海滩参数是设计海滩与分析海滩稳定性的重要依据，海滩参数包括滩面坡度与泥沙粒径、滩肩高程、岸线与地形资料及波浪要素等。基于波浪横向作用参数的海滩设计可分为滩面与滩肩两部分内容。滩面的剖面形态根据 Dean 的模式确定，滩肩高程按设计重现期内最大波浪爬高和高高潮潮位确定。海滩岸线形态布设，除采用海岸变形模型作为参考外，还可以利用同等动力条件下既有海滩的形态作为比较和数学曲线的拟合，不失为贴近实际的方法。作为海湾沙滩修复设计海底清淤也是其中的一部分重要内容，能一定程度上改善弱动力环境。

3. 后期监测

抛沙过程完成后进入后期监测阶段，根据监测的剖面测量、沉积物粒度以及地貌等数据反馈的当前海滩状态进行管护方案调整，同时预测海滩未来发展趋势。

（七）长效管理机制

修复工程完成后，海滩管理部门制定了管理办法，定期维护管涵、海滨、浴场等配套设施，以有效保障海滩形态的稳定和清洁。

（八）资金来源

项目由厦门市政府和原国家海洋局共同实施，项目支出总金额为 3 000 万元。

资料及图片来源

王广禄 . 2008. 海湾沙滩修复研究［D］. 福建：国家海洋局第三海洋研究所 .

二、荷兰诺德韦克(Noordwijk aan Zee)海滩恢复

(一)项目概况

众所周知，荷兰是一个低地国家，全国 1/3 的土地位于海平面以下，2/3 的土地面临着洪水的威胁。其沿海地区又是荷兰人口密集地区，集中了商业、交通业、工业以及旅游业等国家经济支柱产业。因此，沿海地区的生态安全直接影响着国家经济社会的发展。沿海海滩、沙丘为荷兰抵御风暴潮以及海岸侵蚀提供了天然保护，是海岸生态安全的重要组成部分。然而，由于海平面上升、风暴潮以及水动力变化等原因，给海滩和海岸沙丘造成了严重损害，表现为海岸侵蚀、沙丘消失及海滩质量下降等问题。诺德韦克位于荷兰南荷兰省西部沿海(图 2.7)，

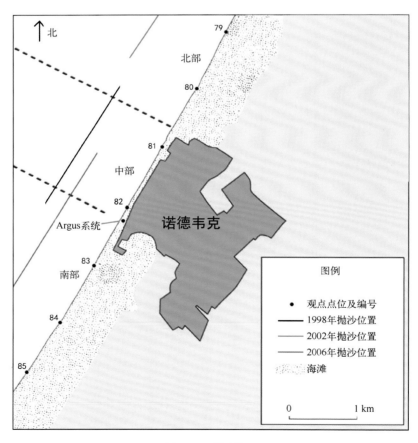

图 2.7 项目位置

同样面临着上述问题。为此，当地政府每隔3~5年需要对海滩严重侵蚀区以水下养滩的方式修复海滩。水下养滩技术是荷兰于1990年提出并付诸实践的，是多年来世界沿海国家较为成熟的海滩养护技术。

（二）实施时间

1998年2月至2011年8月。

（三）生态系统退化原因

诺德韦克地区海滩退化的主要原因是风暴潮频繁侵袭，加剧了海岸的侵蚀作用。荷兰雨季(9—11月)降水量较大常引发洪水，短时间内大流量的洪水冲刷岸滩导致高潮带沙量向海一侧迁移，部分沙丘消失(图2.8)。

图2.8　海滩恢复前

（四）修复具体措施

海滩恢复工作分别于1998年、2002年以及2006年三个时段开展。主要措施是通过拖曳漏斗式吸沙船将新沙抛掷在外沙坝向海侧(见图2.9)。诺德韦克海域近岸水下发育为内、外两个沙坝(见图2.10)。内沙坝离岸距离约300 m，水深2.5 m；外沙坝离岸距离约800 m，水深4 m。沙坝的生命周期较长并且每年不断向海一侧移动，移动速率为 60~100 m/a。首次抛沙于 1998 年 2—3 月进行，抛沙位置为距离海岸约 1 km 的中部海域，水深 6 m 的近岸水域(位置序号为 80.5~83.5，见图 2.7)，抛沙量约为 $1.7×10^6 m^3$，作业宽度为 3 km，抛沙区沉积物在海流和波浪作用下向海岸运动(见图 2.11，图 2.12)。为巩固海滩前滨沉积物积累效果，需要在该海域不同区域进行重复抛沙。2002 年秋季在垂直于海岸 1.1 km 的北部区域进行第二次抛沙(位置序号为 73~80，见图 2.7)，抛沙量约为 $3.0×10^6 m^3$，作业宽度为 7 km，此次抛沙量最大且距离最远。2006 年夏季在位于海岸 750 m、水深 5 m 的南部海域进行第三次抛沙(位置序号为 81.5~89，见图 2.7)，抛沙量为 $1.2×10^6 m^3$。

图 2.9 海滩恢复后

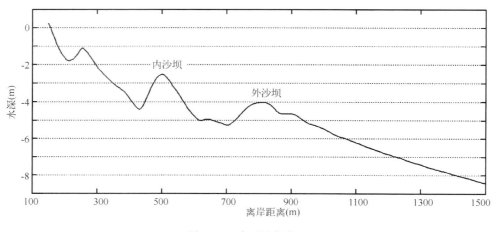

图 2.10 水下沙坝位置

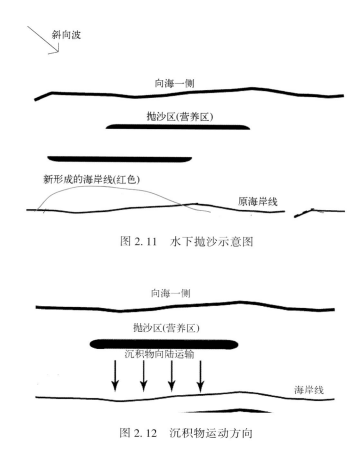

图 2.11　水下抛沙示意图

图 2.12　沉积物运动方向

(五) 修复成效

1. 水下沙坝运动特征

2012 年经过三次抛沙工作后,近岸海域海底两条沙坝的位置和运动轨迹,见图 2.13。通过分析发现,抛沙工作实施前内、外沙坝都是向海一侧运动,仅年移动速率不同;实施了第一次抛沙工作后,外沙坝直至 2001 年末期向海一侧运动的趋势才被遏制,与此同时内沙坝也随之稳定不再向海一侧移动,且内、外沙坝整体呈现向陆一侧缓慢移动趋势。

2. 海滩沙量变化

根据 Argus 海滩动力过程监测系统的结果分析表明,诺德韦克海域近岸水下沉积物体积增加,海滩剖面的平均淤积量为 $100 \sim 150 \ \mathrm{m^3/m}$,海滩滩面高程略有升高(见图 2.9)。

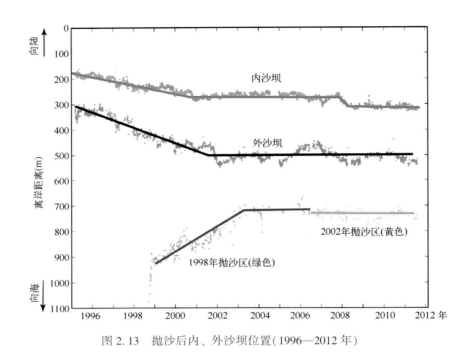

图 2.13　抛沙后内、外沙坝位置(1996—2012 年)

3. 海岸线位置变化

抛沙前海滩沙丘底部(海岸线)不断向陆一侧后退并发生侵蚀。抛沙后,沙丘呈现向海一侧移动趋势,移动速率为 1.9 m/a。

(六)经验教训总结

(1)在沙坝向海一侧进行抛沙,能够有效降低波浪对外沙坝的冲击,也有利于减轻对内沙坝的侵蚀作用。

(2)水下沙坝在夏季通常会向岸一侧移动,秋、冬季节或风暴潮灾害性气候条件下会向海一侧移动,且外沙坝的侵蚀作用大于内沙坝。

(3)从经济角度看,水下抛沙养滩相较于防波堤、硬质护岸等更加经济,即使定期开展补沙成本也低于上述防护措施;从生态环境角度看,海砂沉积物不会对周边海域环境造成影响,且易于与环境因素互补融合;从可操作性角度看,水下抛沙养滩简单易行,只需对不同海岸地貌等环境条件进行调整即可开展工作。

(4)养滩工程完成后,后期管护监测工作极为重要,需要对整个抛沙区进行定期调查监测。

（七）长效管理机制

本项目工程技术部分已经全部完成，后期调查、监测工作继续由荷兰乌得勒支大学自然地理系的研究人员跟踪。

（八）资金来源

本项目由荷兰乌得勒支大学设计、实施，同时完成后期调查监测工作。项目投入资金数额不详。

资料及图片来源

VAN DER GRINTEN R M, RUESSINK B G, 2012. Evaluatie van de kustversterking bij Noordwijk aan Zee-De invloed van de versterking op de zandbanken. deltares.

OJEDA E, RUESSINK B G, GUILLEN J, 2008. Morphodynamic Response of A Two-barred Beach To A Shoreface Nourishment. Coastal engineering, 55(12): 1185-1196.

王海燕，庄振业，曹立华，等，2019. 荷兰诺德维克水下抛沙修复海滩及其意义. 海洋地质前沿, 11.

三、荷兰代尔夫兰（Delfland）海滩修复

（一）项目概况

项目位于荷兰南荷兰省韦斯特兰市（Westland）附近的海岸（图2.14），具体位于荷兰角港与斯海弗宁恩之间。截至2016年，项目共恢复128 hm² 海滩，总用沙量约2.15×10⁷ m³，海滩长度延伸了约2.2 km。

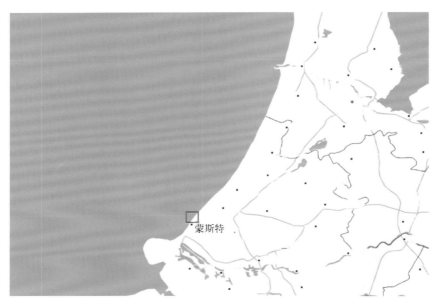

图 2.14　项目位置

海岸侵蚀已成为沿海地区主要灾害之一，其成因主要是由海砂开采、海岸工程建设、海平面上升以及风暴潮等人为和自然因素单一或共同作用的结果。参考国内外的实践，抵御海岸侵蚀的主要手段多采用海堤、丁坝、潜堤等海岸"硬措施"，抑或应用以沙补滩的"软措施"。20世纪90年代，荷兰环境公共建设部为保护砂质海岸，每年在海岸带地区填沙6.0×10⁶ m³，2001年后每年填沙量增加至1.2×10⁹ m³。根据国外学者研究显示，以人工措施进行大规模的海岸带翻沙补沙活动会严重影响滨海植被和潮间带底栖动物的生长，短期内会造成底栖动物密度和植被分布范围急剧下降，恢复至原有水平可能会需要较长时间，或者不能完全恢复。

　　为在增强海岸防护功能的前提下尽可能减少填沙量的同时，又能延长工程持续时间并减少人为工程对恢复区域植被和动物的影响，荷兰学者马赛尔·史蒂夫（Marcel Stive）教授于 2005 年创造性地提出了"补沙引擎"（Sand Motor 或 Sand Engine）的概念。传统的海滩补沙（或称沙滩营养）需每 3~5 年进行一次，而"补沙引擎"的设计则延续了利用天然沙丘加固海岸的传统方案，并在此基础上进一步创新，再次利用自然动力代替人工育滩固丘（图 2.15）。补沙引擎的概念是通过在指定地点投放大量沙子后，由海浪、潮汐、海流、风力等自然动力将沙子输送到更大区域的海滩，此方法不仅提高补沙效率，降低了工程成本，还在最大程度上减少了对环境的人为干扰，保护了海滩上的原生植被和底栖动物。

(a)

20世纪70年代以前传统沙滩营养(补沙)方式

(b)

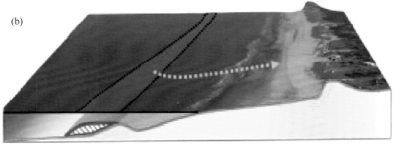

20世纪90年代利用海洋水动力过程重新分配水下沙子，补充到海滩

(c)

大规模沙滩营养，利用海洋和风力从水平和垂直方向重新分配沙子

图 2.15　不同时期沙滩营养方式

（二）实施时间

2011 年 7 月至 2016 年 12 月。

（三）生态系统退化原因

众所周知，荷兰是世界闻名的"低地之国"，国土面积的 17% 是由填海造地获得的，仅有近一半的国土位于海平面 1 m 以上，避免海岸侵蚀成了关乎荷兰海岸带地区国家安全的大事。因此，荷兰政府定期对海岸进行补沙，以保护海岸稳定。荷兰的海滩主要为沙子和少量泥炭组成的砂质海岸，海滩的稳定性取决于岸滩沉积物沉积的动态平衡。然而，数个世纪以来的人为影响使得荷兰境内从河流输向海洋的泥沙输入量逐渐减少，能够通过自然方式补充海岸的沙源已经变得非常稀少；随着海平面的上升，海床逐渐变深，近岸海域的沙子很难被波浪带到海岸上；与此同时，由于天然气开采造成的地面沉降也需要大量的海砂来填补，以上因素导致荷兰许多沿海区域遭遇"沙荒"。另外，人工大规模的海岸带补沙活动很可能会影响滨海植被和潮间带底栖动物种群数量，海岸生态安全受到严重威胁。

（四）修复具体措施

1. 恢复区域本底情况调查

项目施工前对恢复区域的水文动力条件、沉积物组成、历年来本地区海平面上升情况、海岸侵蚀淤积情况、海岸地貌变化驱动力、潮间带生物种类分布情况、优势种、主要生态过程、项目对潮间带生物可能造成的环境影响、补充的沙源来源、可获取性、成本以及附近社会经济情况等要素进行调查和补沙引擎选址评估。

2. 方案设计与实施

根据本底数据调查结果表明，该区域潮汐属于不规则半日潮，且涨潮流速（北向）强于落潮流速（南向）；波浪主要受西南和北—西北方向控制，其中北—西北方向通常为涌浪，西南方向为局部风成波，对沿岸影响较小；该区域主要为西南风，风向几乎与海岸平行，易形成沿岸流，影响岸滩沙子的迁移。综合以上调查结果，结合海洋水动力模型模拟结论，项目最终选址位于荷兰角港与斯海弗宁恩之间的韦斯特兰海岸。项目区域的整体形状为类似钩子形的半岛（图 2.16），向陆一侧与海岸相连，为西南—东北走向，长约 2.2 km，向海一侧延伸约 1 km，面积为 128 hm²，实际总用沙量为 2.15×10^7 m³（沙源来自 10 km 以外的深海海域）。根据模拟结果，与沿岸平行的沙嘴逐渐向沿岸弯曲，形成横向的沙坝，沙坝与海岸之间逐步形成面积为 17 hm² 的人工潟湖，潟湖通过约 50 m 宽的水道与北海连通；3~10 年后，波浪和海流将沙逐渐向海岸两侧搬运，潟湖面积减少至 14 hm²；15 年后，水道长度增加到 8 km（其中向南增加 3 km，向北增加 2.6 km），最大宽度减小到 0.45 km，潟湖与北海之间的水道消失；15~20 年后，在补沙引擎北侧将形成一个新的水道；20 年后补沙引擎的宽度将由建成初期的 0.95 km 变化为 0.45 km，同时覆盖周边 8 km 的海岸线，期间无须进行补沙，周边 200 hm² 岸滩将从中受益。

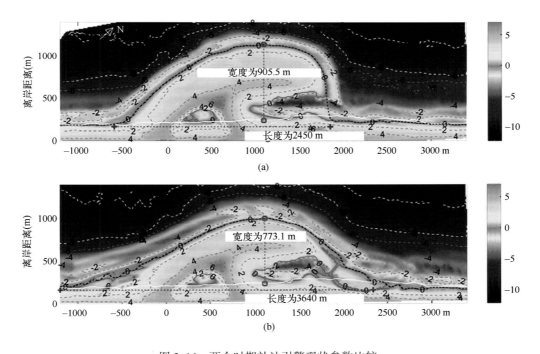

图 2.16　两个时期补沙引擎现状参数比较

（a）2011 年 8 月项目完工后第一次监测；（b）2012 年 12 月监测结果

3. 工程实施后监测评估

补沙引擎完工后，研究人员和管理方对工程开展了 4 次/年的水深剖面测量。2011—2012 年冬季项目完工后发生了风暴潮，项目区域的整体形态发生了很大变化。2012 年 8 月，补沙引擎最大宽度从 0.95 km 减少到 0.84 km，长度从 2.4 km 增加到 3.6 km(向南、向北均增加 0.6 km，见图 2.16)，总沙量减少约 $1.4×10^6 m^3$，附近海滩沙量增加 $9.0×10^5 m^3$，沙滩恢复效果显著。补沙引擎北部变化较大，最初与海岸平行的沙嘴尖部向岸弯曲，形成横向沙坝；沙坝与海岸之间逐步形成 $20 hm^2$ 的人工潟湖，潟湖通过约 100 m 宽的水道与北海连通。第一年的监测结果与模拟结果基本吻合。2015 年 12 月，补沙引擎最大宽度从 2012 年的 0.84 km 减少到 0.7 km；长度从 2012 年的 3.6 km 增加到 4.6 km；钩状沙嘴长约 2.5 km、宽约 350 m，由于沙嘴的延伸，水道长度增加至 2.7 km。2011 年 8 月到 2015 年 8 月，补沙引擎的总沙量减少约 $1.0×10^6 m^3$。其中，半岛沙量减少约 $3.5×10^6 m^3$，而北部和南部海岸沙量分别增加 $1.65×10^6 m^3$ 和 $8.5×10^5 m^3$，这主要是由于波浪和海流将半岛的沙不断向北部海滩和南部海滩搬运所致。

(五) 修复成效

1. 海岸防护效果

经过五年的监测、模拟和评估，补沙引擎项目是成功的。正如模拟的结果，波浪、海流将补沙引擎区域内的沙平行于海岸搬运，并在北部海滩和南部海滩沉积下来，工程及周边区域海岸线逐步向海一侧推进，海岸防护水平明显提高。尽管恢复区域内有 5% 的沙被海浪作用带走，但远低于预计值(预计 4 年有 20%)，因此补沙引擎的使用寿命可能会超过 20 年(见图 2.17)。

此外，补沙引擎还可以间接对沙丘补沙。通过区域内盛行的西南风将补沙引擎的沙向陆搬运，一部分沉积在潟湖和沙丘湖中，另一部分形成新的海岸沙丘。新形成的沙丘面积约为 $1 hm^2$、高度约为 2 m，原有沙丘高度增加 2~3 m、宽度增加 20~40 m。新形成的沙丘会增强总体海岸防护效果。

图 2.17 四个时期补沙引擎区域形态变化情况

2. 海岸生境多样性

补沙引擎不仅增加了海滩沙地、沙丘面积，还在波浪、海流、盛行风的作用下形成了海岸—潟湖—沙丘湖的滨海地貌组合景观，丰富了海岸生境多样性，为底栖动物、鸟类、植被、鱼类以及甲壳类提供了新的栖息地，岸滩上植被种类和数量逐年增多，数量最多的是马兰草（*Ammophila arenaria*）以及小花老鼠簕（*Acanthus ebracteatus*）（见图 2.18 至图 2.20）。

3. 对当地经济社会发展的促进作用

补沙引擎扩大了海滩面积，海滩和潟湖为大量游客散步、冲浪、放风筝等娱乐项目扩展了亲海空间（见图 2.21）。

图 2.18　马兰草(*Ammophila arenaria*)

图 2.19　小花老鼠簕(*Acanthus ebracteatus*)

图 2.20　观测到的鸟类和海豹

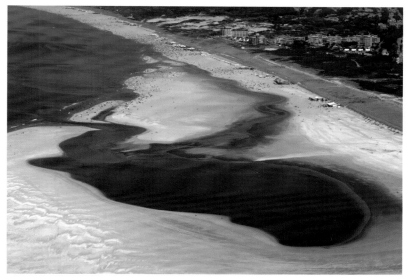

图 2.21　补沙引擎区域成为游客的旅游目的地

(六) 经验教训总结

　　与传统人工育滩工程相比，补沙引擎具有海岸防护效果显著、补沙量小、成本低、使用寿命长、增加海岸利用功能等特点。近六年的实践和实时监测证明，补沙引擎育滩效果明显，表现为，用补沙量较少，并且有助于海岸其他区域沙丘发育；拓展了生物栖息地和民众亲海空间；根据模拟情况与现状对比，使用寿命超出预期，预计可达 20 年以上。

（七）长效管理机制

据了解，由政府、企业和研究机构组成的工作组仍然持续对恢复区域的气候、洋流、沙子的输送、水位、水质、海岸生物、社会经济活动以及项目管理等方面进行监测记录，并定期公布研究成果。研究计划每五年发布一次研究成果汇总，并将在补沙引擎建成 20 年后对项目效果给出最终结论。

（八）资金来源

项目资金由当地政府承担，累计投入 7 000 万欧元。

资料及图片来源

RIJKSWATERSTAAT, 2016. Interim Results 2011-2015, the Sand Motor：Driver of innovative Coast Maintenance.

STIVE M, SCHIPPER M, LUIJENDIJK A P, et al., 2013. A New Alternative to Saving Our Beaches from Sea-Level Rise：the Sand Engine. Journal of Coastal Research, 29(5)：1001-1008.

TAAL M D, LOFFLER M, VERTEGAAL C, 2016. Development of the Sand Motor：Concise Report Describing the First Four Years of the Monitoring and Evaluation Programme. Delft：Deltares.

LUIJENDIJK A P, RANASINGHE R, DE SCHIPPER M A, et al., 2017. The initial morphological response of the Sand Engine：A process-based modelling study. Coastal Engineering, 119：1-14.

DE SCHIPPER M A, DE VRIES S, RUESSINK G, et al., 2016. Initial spreading of a megafeeder nourishment：Observations of the Sand Engine pilot project. Coastal Engineering, 111：23-38.

四、美国加利福尼亚州圣莫尼卡海滩(Santa Monica)恢复

(一)项目概况

圣莫尼卡海滩位于加利福尼亚州洛杉矶以西海岸,海滩总长 5 km,每年吸引着约 1 700 万名游客到此度假,尤其在夏季,海滩经常人满为患,每天有近 10 万名游客聚集在海滩(图 2.22)。大量的游客充斥在海滩,享受着海滩为其带来的生态产品,但是对海滩的保护却基本是空白。游客的人数大大超过了区域生态环境承载力,海滩、动植物受到了前所未有的威胁,表现为,海岸侵蚀、部分本地原生植物灭绝。

图 2.22　项目位置

自 20 世纪 60 年代,随着滨海旅游业的蓬勃发展,洛杉矶地区海滩的自然属性特征逐渐消失。为应对这种情况,管理部门开始使用各种机械设备整理海滩。然而,机械化维护对天然海滩和沙丘生态系统的物理和生物过程具有极大的负面影响,主要表现在:被机械设备平整过的海滩,原生植被被连根去除;高潮带沙丘被推平,失去抵御风暴潮、海岸侵蚀等其他极端气候对海滩的影响(见图 2.23)。

海滩上覆盖的沙子和高潮带沙丘作为海岸的最后一道屏障保护着海滩的形态和陆域房屋、道路等基础设施，同时还对海平面上升引起的波浪和潮汐作用提供着自然的防护。另外，海岸的沙滩和沙丘还是滨海生物栖息、生存的环境载体。而目前经过大规模机械化的平整后没有任何植被的贫瘠海滩几乎没有任何生态价值，而且没有植被的海滩，会更容易受到海岸侵蚀的影响，海风也会搬运海滩上大量的表层沙子，再次平整海滩的周期会更短、频率会更高、效果也会更差，长此以往造成恶性循环。

图 2.23　圣莫尼卡海滩恢复前(经过机械化平整的沙滩)

当地州政府在认识到这一问题后，决定摒弃以往对海滩的治理措施，通过开展植被恢复来稳定海滩形态和组成，构建海滩生物生存生长的必要条件，吸引更多的植物、无脊椎动物、鸟类等生物来到海滩"定居"。经过一段时间的巩固，逐渐恢复了包括海滩在内的生态系统，以谋求生态效益最大化。加利福尼亚州海岸委员会、圣莫尼卡市政府以及加利福尼亚州公园和娱乐管理部三方联合计划在圣莫尼卡海滩选择面积为 1.2 hm² 的海滩作为试点开展海滩恢复行动。同时，项目的实施也为砂质海岸应对气候变化引起的海平面上升积累了经验。

(二) 实施时间

2016 年 11 月至 2020 年。

（三）生态系统退化原因

由于滨海旅游的兴起，大量游客涌入圣莫尼卡海滩，海滩表面会受到不同类型旅游活动的踩踏冲击，尤其是地表植被以及植被所赖以生存的土壤有机层往往受到的冲击最严重。

另外，海滩管理机构在定期进行沙滩平整的同时也将原生植物连根拔除，海滩从此寸草不生。原生植物基本绝迹，与植被相关的动物随之消失，海滩附近的鸟类种类和数量也相应下降。

（四）修复具体措施

为避免影响海岸带生物正常生长繁殖以及对滨海旅游业的影响，项目于 2016 年 11 月开始实施，经历 2016 年冬季和 2017 年春季，施工周期约为六个月，主要分为以下三个阶段。

1. 修复区域平面设计

修复区域的 2/3 设置在海滩的平均大潮高潮位以上，主体被分成两个面积均为 0.4 hm² 的区块（图 2.24），两个区块之间被一条宽 1.52 m 的小路分开，区块周边由简易木质栅栏隔开，其中每一个区块分为四个象限进行分析，另外 1/3 的区域为海浪冲刷区。

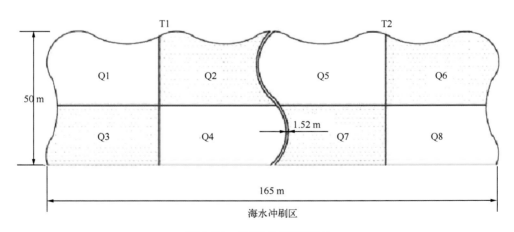

图 2.24　恢复区域平面设计

2. 安装简易木栅栏

为减少游客以及强风等人为或自然因素对修复区域的干扰，除向海一侧以外，在修复区块周边安装高度为 0.9 m 的木质栅栏，木栅栏设计为便于安装和拆卸的结构。相邻两个区块以一条宽 1.52 m 的砂质小径连接，便于游客通过（见图 2.24）。

3. 本地原生沙生植被恢复

本地沙生植被恢复由一家专业海岸带植被修复公司承担。经过专家和公司双方研究确定恢复植被的种类，采用播种机播种的方式进行植被恢复。同时专门为本项目设计了一种植物托盘以固定发芽后的植物。恢复植物种类以及单位面积种子数量见表 2.1。

表 2.1　圣莫尼卡海滩植被恢复种类及单位面积播种数量

植物名称	拉丁名	播种数量（磅/英亩）	种子数量（磅）
海滩月见草	*Oenothera drummondii Hook*	0.1	2 441 000
沙地马鞭草	*Abronia villosa*	12	16 000
海滩鼠尾草	*Ambrosia chamissonis*	6	40 000
白滨藜	*Atriplex cana*	2	73 600

海滩月见草是一种多年生植物，原产于加利福尼亚州，是一种低矮灌木，能够较好地覆盖土壤或沙丘表面，保持表面形态稳定（见图 2.25）。这种植物生长在开放的滨海沙丘或砂质土壤中，沿着海滩表面匍匐生长并成片分布。通常在 1 月初到 8 月底开花，海滩月见草的特点是绽放着小而明亮的黄色花朵，较为耐寒、耐潮和耐水浸淹。

沙地马鞭草是一种能适应海滩环境的多年生草本植物，原产于加利福尼亚南部海岸（见图 2.26）。马鞭草形似草席，植株通常不高于 0.3 m，长有类似多肉植物的叶子，通常在春天和夏天开放粉红色或紫色的花朵。选择种植沙地马鞭草是因为其与海滩砂质生境的关系。沙地马鞭草既具有稳定沙丘并逐步形成小沙丘的能力，还具有耐盐性强、需水量低的特点。

图 2.25　木栅栏附近的海滩月见草

图 2.26　沙地马鞭草（a）和海滩月见草（b）

　　海滩鼠尾草是一种多年生草本植物，原产于加利福尼亚的海岸。这种植物通常生长于沿海海滩和滨海沙丘，每年的 6 月至 7 月开花。海滩鼠尾草耐盐性强，需水量低，有利于沙地稳定和沙丘形成。

　　白滨藜是一种多年生草本植物，原产于加利福尼亚海岸的沙滩和滨海沙丘。与其他植物相同，白滨藜具有较高的耐盐性和较低的需水量，能够在恶劣的动态海岸环境中生存。植株普遍低于 1 m，每年的 4 月到 10 月结出绿色小花。

使用播种机将混有上述四个种类的混合种子在两个区块（T1，T2）范围内进行播种，其中每个区块播撒 9.1 kg 的混合种子。将 T1，T2 平均分割为四个象限，其中将无菌处理的、无杂草伴生的种子播撒在 Q2、Q3、Q6 和 Q7 四个象限，同时在这四个象限插上打孔的秸秆。这种打孔的秸秆能够有效固定在海滩上，有利于对不同的修复技术进行科学的监测和比较，记录不同修复技术的固沙率和沙丘形成率以及种子萌发的成功率。

表 2.2　项目后期监测指标

监测指标	监测内容	频率
鸟类	直观目测、鸟类行为以及巢穴数量	每半年或每月（特殊种类）
海滩杂物覆盖度	覆盖度、种类	每季度
植被覆盖度	覆盖度、种类	每季度
幼苗密度	固定样方计算个数	半年一次
无脊椎动物	沿调查断面使用 1 mm 网袋筛	半年一次
海滩物理特征	高程剖面、横断面、海滩宽度、从围栏到护堤的距离、海滩坡度	每季度
天气条件	风速、最大风速、温度、降水量	每季度
沉积物	输沙量计算	每季度
泥沙粒径		半年一次
人类行为	视觉、行为调查	半年一次

（五）修复成效

项目的植被恢复已于 2017 年完成，随后开展了长期跟踪监测工作，而且根据目前监测的结果显示，试验区块的植被生长状况良好，修复区域内高程经过近两年的恢复有了明显抬升，区块内甚至吸引了濒危珍稀鸟类前来筑巢繁育幼鸟（见图 2.30，图 2.31）具体成效包括以下几个方面。

1. 种子萌发情况

经过近两年的监测，恢复的四种本地沙生植被均发芽并正常生长。另外，监测过程中也在恢复区域内新发现了三种植物，分别为海滩马鞭草（*Abronia umbellata*）、绒毛头（*Nemacaulis denudata*，一种本地一年生草本植物）和滨海卡克勒（*Cakile maritima*），其中前两种属于本地植物，滨海卡克勒属于外来植物，很可能这些物种是通过风、海浪、鸟类或人类活动传播的（见图 2.27，图 2.28）。截至

2018 年 3 月，综合所有样方调查恢复区域幼苗数量为 158 000 株，其中最为常见的是海滩鼠尾草，覆盖度最高的是海滩月见草。

图 2.27　绒毛头(a)和滨海卡克勒(b)

图 2.28　植物幼苗的生长变化[2017 年 1 月(a)、2017 年 4 月(b)以及 2018 年 3 月(c)]

2. 植被覆盖情况

项目实施前基线调查结果显示，植被覆盖度为零，即没有任何植被覆盖。2018 年 5 月监测结果显示，恢复区域植被覆盖率最高为 25%，且木栅栏周边植被覆盖率较高，恢复区域内部以及水边线附近植被稀疏，预计随着时间的推移恢复区域内部植被覆盖率还会提高。

3. 无脊椎动物

研究人员通过对恢复区域六个样方以及区域以外六个样方的断面调查结果显示，海滩上层无脊椎动物数量为 300～400 个/m²，与恢复区域外基本无差异，主要为沙丘甲虫(图 2.29)。

图 2.29　恢复区内发现的无脊椎动物沙丘甲虫

图 2.30　西部雪鸻在修复区域内筑巢

图 2.31　喧鸻在巢穴内产卵

4. 鸟类

调查结果显示，海鸥和不同种类的滨鸟（如北美鹬、云斑塍鹬、喧鸻等）经常在修复区域内栖息和觅食；2017 年 4 月 18 日还发现了濒危珍稀物种西部雪鸻在修复区域的巢穴内产卵。据了解，西部雪鸻已经在洛杉矶消失了近 70 年。

5. 高程剖面

通过两年对修复区域内四条断面以及修复区域外两条断面的高程跟踪监测结果显示，恢复区域内的三条断面滩面高程有了明显变化，高程最大增加 0.5 m；而修复区域外的两条断面高程随时间变化较小（见图 2.32，图 2.33）。

图 2.32　空中俯视

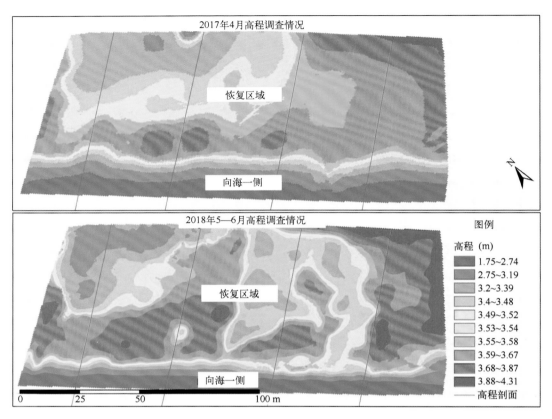

图 2.33　2017 年和 2018 年恢复区域高程调查情况

图 2.34　恢复区样点 [2017 年 9 月 (a) 与 2018 年 3 月 (b)]

6. 对当地经济社会发展的促进作用

虽然修复区域只占圣莫尼卡海滩比例很小的面积，但是经过两年的恢复，区域内的生物种类和数量与周边环境有了很大变化，而这些有益的改善也促进了游客与海滩的和谐，恢复区域的植物与栖息在此的鸟类并没有因为人类的活动而受到影响，反过来游客也更加珍惜恢复后的生态环境，在行为上实现自我监督。现场调查数据表明，受访的人群无论是本地人还是游客，都愿意在海滩进行漫步、慢跑、观鸟、赏景等积极的互动。同时，在项目进行的过程中，还吸引了加利福尼亚大学洛杉矶分校的学生学习和考察，项目的成果对当地经济社会发展产生了积极的推动作用。

（六）经验教训总结

沿海旅游休闲需求与生态恢复是可以互相兼顾的，并不是顾此失彼的矛盾体。项目的开展为发达地区构建环境-人文和谐发展提供了成功经验，以低成本依靠"自然力量"进行生态系统恢复，减少人为工程的干预，提升了海岸防护能力，减少了公共治理成本。通过恢复后的植被、沙滩、海水、鸟类这些"软景观"要素提升了海岸景观等级，使民众直接获得海滩生态系统产生的生态效益，促使其珍惜、保护海岸生态环境。

（七）长效管理机制

项目全部工作（含跟踪监测）预计于 2020 年结束，项目的监测工作还在继续进行。项目未来工作不仅局限于对恢复对象的跟踪监测、评估，还计划将周边社区、滨海旅游从业者、游客、警察、科研人员等相关利益者纳入调查访问范围，全面征求社会各方面对该项工作的意见和建议。同时，以现有试点恢复的经验为基础，尝试扩展研究范围和尺度，在更大的区域探索海滩恢复。

（八）资金来源

项目资金来源于由加利福尼亚州海岸委员会，资金总额不详。

资料及图片来源

THE BAY FOUNDATION, 2016. Santa Monica Beach Restoration Pilot Project.

THE BAY FOUNDATION, 2018. Santa Monica Beach Restoration Pilot Project-Year 2 Annual Report.

五、西班牙巴伦西亚萨雷尔(El Saler)海滩恢复

(一)项目概况

萨雷尔海滩位于西班牙巴伦西亚市以南 9 km，将阿尔布费拉湖(La Albufera)与地中海隔开，海滩总长约 7 km，面积 3.144 hm^2(图 2.35)。随着 20 世纪 60 年代后期城市化的兴起，沿海岸线一带城市基础设施的加速建设和旅游业的快速发展，萨雷尔海滩的生态系统出现了相当明显的退化。随后进入 20 世纪 80 年代，巴伦西亚市政当局认识到了滨海生态系统衰退的严重后果，随即组织制定滨海生态系统修复规划，开展修复工作，与此同时协调相关机构调整了海岸带地区开发利用策略。1986 年在巴伦西亚当局组织下建立了巴伦西亚地区第一个自然保护区——阿尔布费拉湖自然保护区。本项目位于阿尔布费拉湖以北海岸带区域，目标是重建萨雷尔滨海沙丘生态系统，恢复海滩原生植被，重现滨海生态和景观特征，使公众充分意识到自然的生态价值，建立滨海生态系统保护意识和责任。

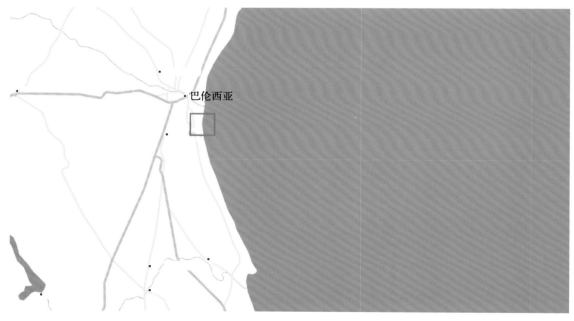

图 2.35　项目位置

（二）实施时间

1981—2008 年。

（三）生态系统退化原因

1960 年以后西班牙沿海地区进入城市化建设阶段，大量沿海土地被用来开展城市基础设施建设。地中海沿岸滨海植被被砍伐，取而代之的是沿海公路、停车场以及数十座住宅楼宇。海滩缺少植被的保护出现了严重的退化，滨海沙地几近消失，海滩侵蚀作用强烈，本地原生植被（如 *Otanthus maritimus*、*Euphorbia paralias*）不见踪迹，滨海特色景观消失殆尽，海岸生态系统被摧毁。

（四）修复具体措施

1. 地貌恢复

地貌恢复的原则是尽量恢复至 20 世纪 60 年代滨海城市建设前的状态，但是也要适应当前的环境条件和发展现状。使用大型机械设备对恢复区域进行平整，然后对恢复区域划分网格便于后期开展植被恢复。根据模型计算修复区域的补沙量，从周边沿海地区分批运输需要补充的海滩沙子。补沙工作完成后，由于植被恢复没有实施，需要在网格边缘搭建简易的栅栏。目的是，一方面可以保留积聚的沙子；另一方面可以捕获通过风力带来的新沙子。这种栅栏采用本地的芦苇和米草等低矮植物制成（见图 2.36），高度平均为 50~80 cm，透气度为 40%~50%。拦沙栅栏会在工程实施后的 2~3 年被沙子逐渐覆盖，6~7 年后会在原地腐烂、分解并深埋于海滩之下，不会对恢复区域造成环境或外来生物入侵影响。

2. 植被恢复

巴伦西亚环境保护机构已于 1964 年就在本地区建立了以保护本地植物种群多样性为目的的小型园林苗圃。1981 年开始利用该苗圃中的本地植物种子库进行植物的恢复。目前，该种子库有来自德维萨（Devesa）和阿尔布费拉地区的 170 多种植物种子，而且其中几乎都是能够适应滨海沙丘生态系统的物种。将经过清洁、

图 2.36　平整后搭建栅栏

干燥等处理的种子放入 18℃ 恒温房间内进行育种；根据恢复区域沙丘的迎风坡、山脊和背风坡等不同位置选择相应恢复植物种类进行随机栽种，如此以获取植被景观的自然表现。幼苗植入海滩需要深入地表以下 15~25 cm，以利于根部能更好地吸收水分，同时又能固定植株不易被风带走。如采用播种的方式恢复，需要将种子埋入沙地内 30~50 cm，以保证其能够在强风情况下正常生长发芽。移植幼苗和播种的时间选在秋季雨天直至冬季或翌年春季中期。植被覆盖全部修复区域需要 4~6 年的时间。

3. 游览区辅助设施建设

为防止公众踩踏，提高植被恢复的效果，在恢复区域建设木质栈道引导公众注意脚下植被。同时，在海滩醒目位置设立宣传海报，向公众宣传展示恢复区域的工作进展和目前成果，提醒教育广大民众爱护海滩，珍惜环境。

（五）修复成效

通过修复工程的实施，海滩的高程提高了 0.5~1.5 m，极大地减少了海岸侵蚀的现象（图2.37）；本地原生植被的恢复为昆虫、鸟类、两栖类等动物提供了栖息地，同时植被的生长又能反过来促进海滩表面形态的稳定；项目的实施不仅基本恢复了萨雷尔海岸沙丘生态系统，还为民众改善了亲海空间和自然休憩场地。

图2.37　沙丘不同区域植被恢复情况

（六）经验教训总结

（1）使用重型机械设备进行土地平整的时候应注意减少对区域内现存植被以及动物的影响。

（2）恢复区域内补充的沙子粒径小的填充在最底一层，上层覆盖粒径较大的沙子可有效减少因风力因素带走沙子。

（3）在背风区域的木栅栏会经过很长时间才被沙子覆盖，因此建议减少背风区域的木栅栏数量和密度，有利于恢复区域整体的恢复效果，不会造成区域内沙量分布不均。

（4）此类修复项目需要政府间各部门分工合作和通力协调，对待紧急问题应及时沟通合作解决。

(七) 长效管理机制

本项目是西班牙开展的最早也是最成功的海滩修复项目。巴伦西亚市政府专门为本项目设立了项目后期管理机构，继续对修复项目进行管护和监测跟踪。

(八) 资金来源

本项目由欧盟委员会承担了项目总预算的 50%，巴伦西亚市议会负责其余的 50%。资金项目总额不详。

资料及图片来源

CARLOS LEY VEGA DE SEOANE, JUAN B GALLEGO FERNÁNDEZ, CÉSAR VIDAL PASCUAL, 2007. Manual de restauración de dunas costeras.

六、新西兰查塔姆岛(Chatham Island)海岸沙丘恢复

(一)项目概况

查塔姆岛位于新西兰本岛以东约800 km海域，周边40 km²的面积内分布着10座大小不同的岛屿(图2.38)。历史上查塔姆岛北部海岸分布着大面积的海滩和滨海沙丘，一直延伸至内陆超过10 km处。本地原生植物主要为查塔姆岛勿忘我(*Myosotidium hortensia*)和查塔姆岛雏菊树(*Olearia traversiorum*，见图2.39)。19世纪后期，随着岛上的居民增多，农业开垦以及生产活动日益活跃，大规模地放牧和林业采伐导致草地和森林大面积消失。没有了植被的保护，沿岸以及内陆的海滩和沙丘退化明显。岛上外来定居者为防止沙丘入侵其居住地和农田，开始种植马拉姆草(marram，一种原产于欧洲的沙地植物，见图2.40)。这种外来物种由于其耐旱、耐盐碱、生命力旺盛，没有天敌以及竞争物种，便很快占据了海滩。直至2006年，岛上的本地植物查塔姆岛雏菊树数量已经寥寥无几。岛上生活着一种

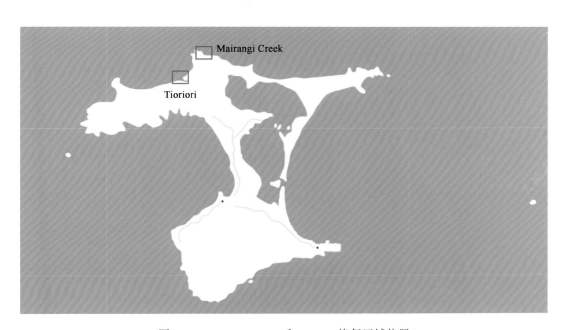

图 2.38　Mairangi Creek 和 Tioriori 恢复区域位置

被国际鸟类物种联盟列入濒危名录的蛎鹬（见图2.41），这种鸟类常在海滩高潮线与沙丘植被之间的开阔地带筑巢，但由于栖息地被马拉姆草占据而无法筑巢以及巢穴所在的海滩被海水侵蚀、淹没，导致蛎鹬也几近灭绝。本项目的目标是：在查塔姆岛北部海滩的 Mairangi Creek 和 Tioriori 开展恢复工作，通过清除外来物种马拉姆草恢复海滩本地原生植被种群多样性，提高海滩高潮带沙丘稳定性，为蛎鹬提供安全稳定的栖息地，从而恢复查塔姆岛北部海滩沙丘生态系统。

图 2.39　2001 年 2 月岛上现存的查塔姆岛雏菊树

图 2.40　2006 年 5 月马拉姆草分布状况

图 2.41 2001 年蛎鹬交配季节的巢穴

(二)实施时间

2001—2005 年。

(三)生态系统退化原因

19 世纪 80 年代中期，随着岛上的居民增多，农业开垦以及生产活动日益活跃，对环境的破坏表现在：过度放牧和牲畜踩踏导致海滩和沙丘植被消失；植被的灭失直接导致表层沙子流失；对森林的过度砍伐导致林业资源枯竭。由于上述原因，岛上开始引进种植马拉姆草，试图扭转因植被消失带来的困境。但是马拉姆草由于其耐旱、耐盐碱、生命力旺盛、生长迅速等特点，加之没有天敌以及竞争物种，便很快占据了海滩。蛎鹬由于栖息地被马拉姆草占据，无法筑巢也几近消失。

(四)修复具体措施

查塔姆岛北部海滩恢复工作分为两个区域(见图 2.38、图 2.42 和图 2.43)。主要措施包括以下几个方面。

1. 马拉姆草的清除

2011 年秋季对 Mairangi Creek 和 Tioriori 两个恢复区域进行喷洒除草剂清除马

拉姆草，喷洒过程持续了六个月。在马拉姆草和本地原生植物混生区域采用人工清除的方式，避免除草剂对本地物种产生影响。在修复区域边缘采用麻袋围挡以及喷洒除草剂的方式阻止入侵植物种子、幼苗进入修复区域。

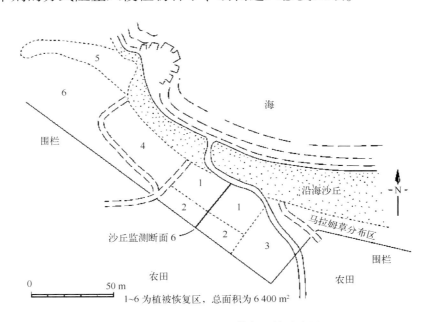

图 2.42　Mairangi Creek 恢复区域示意图

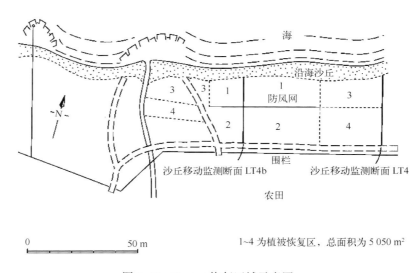

图 2.43　Tioriori 恢复区域示意图

2. 控制海滩表面沙子运动

为防止 Mairangi Creek 和 Tioriori 两个恢复区域内的海滩表层沙砾随风移动，项目开始前在两个区域设置防风网（见图 2.44，图 2.45）。

图 2.44　安装防风网防止表层沙子移动

图 2.45　Tioriori 区域植被恢复前（2001 年 9 月）

3. 植物种子收集、培育及栽种

　　种植工作循序渐进，最初集中在核心地区，然后扩展到边缘地区。恢复区域向海一侧的边缘尽量减少植被的栽种，该区域位于平均大潮高潮位以上，是蛎鹬筑巢、生长、繁育后代的主要区域，便于为其提供良好的筑巢场所。植被恢复主要种类包括沙地黑茶树、大叶半边莲、查塔姆岛苦菜、查塔姆岛勿忘我等本地种植物。上述植物的种子在苗圃处理后进行育苗。在两个恢复区域共种植了 5 479 株乔木、696 株灌木、798 株大型草本植物和 2 714 株其他苗木。其中乔木株距为 2 m×

2 m，灌木株距为 1 m×2 m 或 1 m×1 m，低矮草本植物株距为 1 株/m²。植物定植后，适当施以肥料。干枯的马拉姆草可以用来覆盖在苗木表层用来防风和保持水分。

4. 植物生长及监测

自 2001 年春季植被恢复初始至 2005 年秋季，对本项目恢复的植物幼苗的存活和生长开展了近五年的跟踪监测。监测指标包括植物幼苗保存率、植物株高、基径、冠幅、分布面积以及种群数量等。

5. 海岸沙丘剖面监测

为了掌握查塔姆岛北部沿海沙丘沙砾运动的方向、速度以及数量，在 Mairangi Creek 和 Tioriori 两个恢复区沙丘向风面建立了两条垂直于海岸的断面，同时在两个恢复区域周边建立了七条断面做对照，以确定用本地植被替代马拉姆草是否会改变沙丘的形状或为蛎鹬筑巢提供更多的空间。具体方法为：2001 年 2 月用 RTK 在上述断面进行地形测量，根据不同位置高程设置标志桩并记录埋入深度。2003 年和 2004 年对以上标志桩进行高度测量以获取该位置的侵蚀或沙砾淤积程度的数据。

(五) 修复成效

1. 植被恢复情况

Mairangi Creek 和 Tioriori 两个恢复区植被恢复的效果差异很大，前者植物成活率略低，主要是由于周边有牲畜啃食植物幼苗。Tioriori 恢复区植被恢复情况见图 2.45 和图 2.46。

2. 海岸沙丘剖面变化情况

根据九条断面监测的海岸沙丘的形态、位置、坡度以及高程四项指标显示，除一条断面向陆一侧高程略有提高以外，其余八条断面向陆一侧高程无任何变化。但是，九条断面中海岸沙丘向海一侧的高程和沙量表现不尽相同。截至 2006 年，Mairangi 海滩的监测断面显示，海滩中部沙丘沙量略有减少，但海滩向海一侧沙丘沙量有所增加（图 2.47，图 2.48）；Tioriori 区域监测断面显示，沙丘沙量有所增加，无明显侵蚀现象。

图 2.46 Tioriori 区域植被恢复后（2005 年 4 月）

图 2.47 Mairangi 海滩 LT6 沙丘断面监测（2000 年 12 月）

图 2.48 Mairangi 海滩 LT6 沙丘断面监测（2005 年 4 月，标志桩已被植被覆盖）

3. 蛎鹬对恢复效果的反馈

海岸沙丘植被以及沙丘恢复工作结束后，通过野外调查和观测发现，两个恢复区域蛎鹬在海滩筑巢的高程位置有所提高，避免了高潮时潮水对巢穴、鸟蛋以及幼鸟的侵袭(见图 2.49 至图 2.52)。

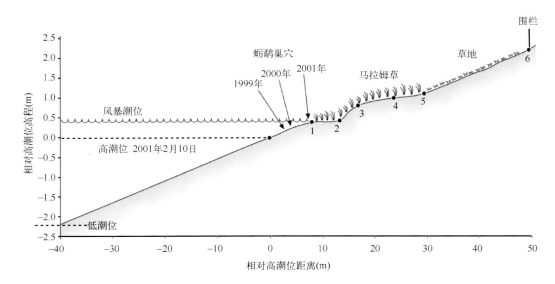

图 2.49　海滩恢复前 Mairangi Creek 恢复区域发现的蛎鹬巢穴

(数字和黑点表示监测剖面标志桩位置，下同)

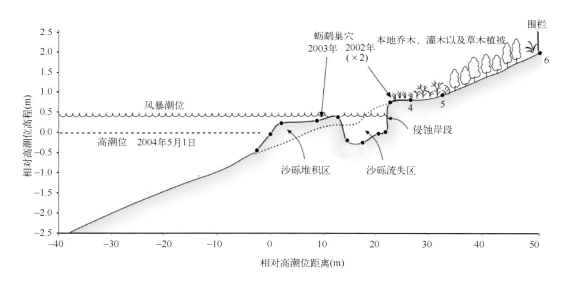

图 2.50　2002—2003 年海滩恢复后 Mairangi Creek 恢复区域发现的蛎鹬巢穴位置

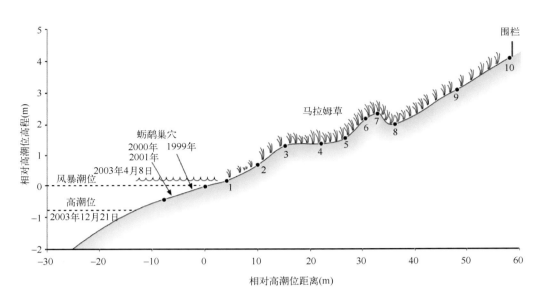

图 2.51 海滩恢复前 1999—2001 年 Tioriori 恢复区域发现的蛎鹬巢穴

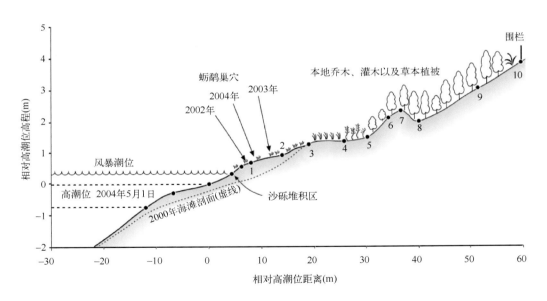

图 2.52 2002—2004 年海滩恢复后 Tioriori 恢复区域发现的蛎鹬巢穴位置

(六) 经验教训总结

(1) 在开展恢复滨海沙丘植被前应进行规划，确定植被恢复的种类、顺序以及密度。

（2）开展植被恢复前应预留足够的时间进行场地整理、种子收集以及苗木培育。植被恢复工作开始前两年，应对恢复区域进行适当的人工管护，此举能尽量减少杂草的入侵以及沙砾的运动。

（3）尽管恢复区域被海岸线和围栏限制，但是植被的恢复遵循本地植物演替的一般规律。

（4）根据本地植物的生长习性进行植被恢复工作，减少其种间竞争产生的影响。

（5）幼苗定植时使用缓释肥料施肥，可以使用天然肥料（如海藻），随后几年追肥。

（6）恢复工作结束后应及时开展后期管护和监测。

（7）建议定期对高潮带沙丘植被进行整理，以便为蛎鹬提供良好的筑巢、繁育后代的环境。

（七）长效管理机制

本项目已于 2005 年全部结束，无后期跟踪管理计划。

（八）资金来源

本项目由新西兰环境保护部承担，项目经费总额不详。

资料及图片来源

MOORE P J, DAVIS A, BELLINGHAM M, et al. , 2012. Dune restoration in northern Chatham Island: a trial to enhance nesting opportunities for Chatham Island oystercatchers (*Haematopus chathamensis*). DOC Research and Development Series 331. Department of Conservation, Wellington, 65.

第三章

珊瑚、海草及贝壳礁恢复

一、以色列埃拉特湾珊瑚礁恢复

（一）项目概况

以色列埃拉特位于红海北部海域狭长海湾内（图 3.1），如世界其他珊瑚生态系统面临的问题一样，在过去四十年里，由于城市污水和养殖污水排放、工业垃圾倾倒、旅游业快速发展等人为原因导致红海北部以色列埃拉特地区海域海水富营养化，而全球气候变暖引起的海洋酸化等人为和自然原因加剧了埃拉特湾珊瑚礁生态系统的衰退。根据上述问题，项目实施人员参考林业恢复中森林培育的相关原理和方法，同时结合不同种类珊瑚生长发育对光照的要求开展恢复工作（图 3.2）。

图 3.1　项目位置

（二）实施时间

2007 年 8 月至 2015 年。

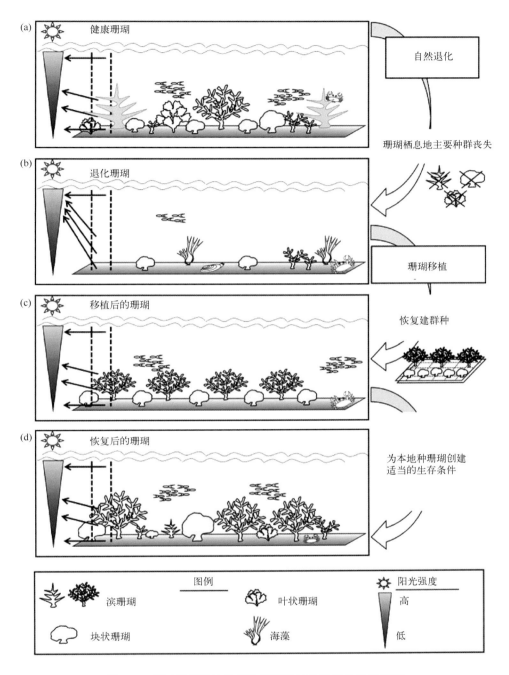

图 3.2　通过珊瑚移植重新构建栖息地光照条件的示意图

(三) 生态系统退化原因

过去四十年里，红海北部沿海城市埃拉特发展迅速，而与之相伴产生的环境污染表现在：城市污水随意排放；沿海养殖产生的周边海域海水富营养化；沿岸工业垃圾、工业废油任意倾倒；滨海旅游引发的环境污染等问题。与此同时，全球气候变暖引起的海洋酸化也对该地区的海洋生态系统造成了影响。

上述海洋环境问题直接影响了该海域珊瑚礁生态系统，主要体现为珊瑚种类数量下降以及大型珊瑚、鹿角珊瑚退化严重等问题，导致区域内珊瑚礁生态结构单一，生态系统恢复力减弱。

（四）修复具体措施

项目恢复方案吸收了森林恢复的相关技术和经验。根据世界范围内珊瑚恢复的经验教训，在不同海域移植珊瑚或是在原位利用本地珊瑚进行幼体培育后开展恢复的成功率往往较低，主要是由于不同海域环境不同，幼体珊瑚移植后对于新环境的适应性不够；或是由于不同种类珊瑚对光照的耐受程度不同导致的恢复工作失败。恢复工作主要分为以下三个内容。

1. 珊瑚苗圃建设

在恢复区域搭建面积为 10 m×10 m 的柔性绳索网，绳索网距离水面 7~13 m 垂直于海底，内部被分割为若干个面积为 0.01~0.15 m² 的网块（见图 3.3、图 3.4），绳索网上端与养殖网箱连接，下端由水泥石块固定，形成一面海底"渔网"，即珊瑚苗圃。

图 3.3　珊瑚苗圃培育不同种类的珊瑚

（a）中层海水中珊瑚苗圃种植的不同年龄的珊瑚幼体；（b）鹿角珊瑚幼体被固定在恢复区域的基质载体上；（c）一年半后，移植的鹿角珊瑚已经完全覆盖在恢复区域，周边被各种鱼类环绕

图 3.4　珊瑚移植

2. 幼体珊瑚培育

将珊瑚菌落固定在 0.25 cm² 的塑料网上，再将附着珊瑚菌落的塑料网固定在 50 cm×30 cm 的 PVC 框架上，这些框架被绑定在柔性绳索网上。根据不同珊瑚对光照的耐受程度，在珊瑚苗圃上按照不同海水深度进行鹿角珊瑚（*Acropora valida*）、滨珊瑚（*Porites rus*）、叶形牡丹珊瑚（*Pavona frondifera*）等的培育。

3. 珊瑚移植

珊瑚苗圃培育的珊瑚个体成熟后，将其移植到原来覆盖的海域中。在这个移植过程中要特别注意，诸如正菊珊瑚（*Favia favus*）这种圆形形状的珊瑚，应将其固定在大型珊瑚内部或较为隐蔽的区域，避免珊瑚礁鱼类、甲壳类动物对其进行攻击。

（五）修复成效

经过近十个月的监测，重新移植的珊瑚幼体已经与周边海洋环境相适应，死亡率较低。随着珊瑚恢复的成功，恢复区域出现了多种甲壳类生物，海域的生物多样性得到了丰富。同时，物种多样性的丰富也提高了珊瑚生态系统的稳定性。

（六）经验教训总结

首先，珊瑚移植应是完整的菌落或植株，而不是珊瑚碎片，完整地移植幼体有助于珊瑚的生长，同时提高对外界干扰的恢复力。

其次，采用珊瑚苗圃培育珊瑚的方式具有以下环境优势：

（1）提高海水流量。增加水流量为中层珊瑚幼体提供了丰富的悬浮饵料和溶氧量，有助于珊瑚生长发育；

（2）珊瑚苗圃悬浮。珊瑚苗圃上下端分别固定在养殖箱和水下礁石上，随着水流或波浪向各个方向摆动，有助于珊瑚周围的水质交换，可以更好地清除附着在珊瑚上的碎屑和沉积物质；

（3）光合作用。珊瑚苗圃可以根据不同种类的珊瑚对光照的需要调整深度；

（4）减少干扰。珊瑚苗圃悬浮在海水中，可以有效减少其他生物（包括人类的潜水活动）对其生长发育的干扰。

（七）长效管理机制

项目后期监测仍在持续进行，进一步监测移植后的珊瑚生长状态。

（八）资金来源

项目实施主体以及资金总额不详。

资料及图片来源

HOROSZOWSKI-FRIDMAN Y B, RINKEVICH B, 2016. Restoration of the Animal Forests：Harnessing Silviculture Biodiversity Concepts for Coral Transplantation，1-23.

二、安提瓜和巴布达梅登岛（Maiden Island）珊瑚、红树林恢复

（一）项目概况

安提瓜和巴布达位于加勒比海小安的列斯群岛的北部（图 3.5），梅登岛位于其西部海湾（图 3.6）。1995 年四级飓风路易斯横穿安提瓜和巴布达，导致梅登岛近岸生态系统遭到毁灭性破坏，近岸海域出现淤积，近海生态安全受到威胁。斯坦福发展有限公司（Stanford Development Company Ltd）联合礁球基金会（Reef Ball Foundation）在安提瓜梅登岛开展珊瑚移植和红树林造林工作。项目的目标是通过在梅登岛迎风面和背风面布放 3 500 个"礁球"，主要在该海域为移植后的珊瑚生长创造条件，还能在一定程度上正面抵抗海浪、防止海岸淤积，保护潮间带原生海草床。同时，在海岛背风面根据当地环境特征种植了 4 200 株一种原产于加勒比海等地的红树植物美洲红树（*Rhizophora mangle*），利用营造的红树林为海域的生物提供栖息地和庇护所，丰富了该海域的生物多样性，而且红树林对维持海岸线和近海海岸地貌稳定提供了积极作用。

图 3.5 项目位置

图 3.6　梅登岛全貌

（二）实施时间

2004—2010 年。

（三）生态系统退化原因

1995 年四级飓风路易斯横穿安提瓜和巴布达，对近海生态系统造成了毁灭性影响。飓风过后，梅登岛近海出现了生物多样性下降、部分原生珊瑚毁坏、海岸淤积等问题。

（四）修复具体措施

1. 珊瑚移植

1）现场调查

珊瑚移植前对梅登岛迎风面和背风面珊瑚移植海域的海水深度、水质、盐度、沉积物、流速、波浪等海洋理化指标，以及飓风过后原生珊瑚分布和生长状况开展调查，掌握珊瑚移植前的本底数据。根据以上要素的分析研究，将加勒比海地区分布数量占优势的鹿角珊瑚和滨珊瑚作为移植恢复目标，其中鹿角珊瑚科中的摩羯鹿角珊瑚(*Acropora cervicornis*)被列入了世界自然保护联盟(IUCN)濒危物种红色名录。

2) 人工礁球设计及制作

人工礁球应满足以下几个方面的要求：

(1)礁球布放后应易于珊瑚虫附着，便于其生长发育。

(2)礁球材质不应对海洋环境构成负面影响，应选用环境友好型环保材料。

(3)礁球布放后不应影响原生海草的正常生长。

基于以上几方面的考虑，礁球外形采用一种特殊配方的混凝土进行浇筑，这种混凝土既能保证快速成型和布放，同时混凝土的 pH 值与周边海域的 pH 值相近，不会对海洋环境造成影响。礁球表面粗糙易于珊瑚虫附着。另外，礁球底部设计为悬空结构(图 3.7)，避免珊瑚移植对原生海草的影响。

图 3.7　礁球形态以及周边生物

3) 礁球布放

利用大型驳船将不同形状和规格的礁球布放到恢复区域，海水应至少完全浸没礁球的顶部，水深范围为 1~4 m。礁球群主要分布在梅登岛迎风面和背风面（图 3.8）。

图 3.8　礁球布放位置（局部俯视）

4) 珊瑚移植

项目组人员将周边海域采集的原生自然分布的珊瑚碎片（1~3 cm）在浅水中进行短期培育后固定在一个圆形水泥塞上（图 3.9）。这种水泥塞的尺寸与礁球的镂

图 3.9　珊瑚移植方式

空孔洞相匹配，利用环氧树脂黏合剂能够完美地固定在礁球表面。最后，在附近海域收集若干海胆投放于礁球附近，海胆以藻类为食物，在珊瑚移植初期能够减少海洋中的藻类对移植珊瑚生长的影响。

2. 红树造林

物种多样性丰富、生态结构复杂能够为近岸海域生物群落和生态环境提供更加稳定的状态，增强抵御外来物种和环境变化产生的扰动。项目组计划在梅登岛沿岸种植红树。通过对恢复区域的盐度、沉积物、潮汐水动力等红树宜林因子的调查结果显示，该海域适宜开展红树造林。项目组从美国佛罗里达州的诺瓦东南大学引进了 4 200 株美洲红树幼苗，运抵安提瓜和巴布达后将其移植在附近海域的苗圃以适应当地环境和气候条件(图 3.10)。美洲红树是一种自然分布于北美、加勒比海、南美以及非洲西海岸的红树植物，较其他红树植物具有耐盐耐淹等特性，符合造林先锋种的特点。

图 3.10　红树植物(美洲红树)在苗圃育苗

经过一段时间的稳定和适应，将引进的红树幼苗移植到梅登岛沿海潮间带，使其能够稳定地固定在岸滩。利用小型礁球将部分红树幼苗移植在海草分布稀疏的海草床中(见图 3.11)，但是株距和密度要远大于光滩上移植的红树林。为避免对周边海草生长造成影响，小型礁球的底部设计为悬空式，用钢筋将其锚定在滩涂上，保护红树幼苗的根系能够正常生长。

图 3.11　海草床中种植红树植物

3. 近岸侵蚀防治

根据现场调查的结果，海浪流速过大是造成近海海岸侵蚀的主要原因。安提瓜和巴布达是位于加勒比海地区的小岛国，对于飓风等海洋灾害性气候的抵御能力较弱，因此综合考虑抵御极端灾害性气候以及防御近岸侵蚀，决定采用物理硬防御的措施。而采用礁球这种形态的水下防波堤，不仅能够在恢复珊瑚的同时抵御极端灾害性气候和海岸侵蚀(图 3.12)，而且在最大程度上保持了海洋景观的完整性，保留了游客和岛上原住民的亲海空间，为他们创造了岸潜、浮潜的新场所。在梅登岛迎风面以及侵蚀程度严重区域布放礁球，礁球的布放位置还不应影响移植珊瑚以及其他周边海洋生物的生长。

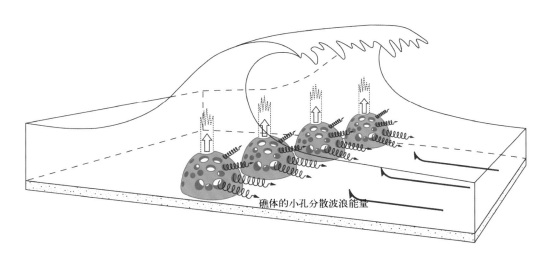

图 3.12　礁球结构防浪原理

（五）修复成效

1. 生态系统修复效果

1）生物多样性增加

根据项目实施前生物资源调查结果，观测到修复海域共出现 11 种鱼类。在礁球布放三周后，还曾经观测到约 100 余尾灰笛鲷（*Lutjanus griseus*）在礁球内产卵，而且日落后还有其他大型鱼类在礁球周围聚集。截至 2010 年，经过六年的跟踪监测，修复海域共观测到 73 种鱼类、71 种无脊椎动物、30 种珊瑚、26 种藻类和 1 种爬行动物（海龟）。根据统计，初期移植的珊瑚成活率总体超过了 95%，六年后的成活率与其他地区研究报道的情况基本相近，重新恢复了由于飓风灾害消失的四个珊瑚种群。

2）原生珊瑚得到保护

项目对自然分布的原生珊瑚也开展了保护工作。由于路易斯飓风的影响，海浪卷起的海底沉积物将原生珊瑚掩埋，珊瑚表面覆盖了海砂以及其他海底沉积物，项目组通过水下作业将覆盖在表面的泥沙沉积物清除。根据部分海域原生珊瑚生长表现的状态以及飓风对该海域造成的不可恢复的影响，项目组将其进行转移至其他海域，转移珊瑚总量累计达到 3 000 余株。该项目移植成功的珊瑚将成为加勒比海地区珊瑚恢复和移植的种质资源库，为其他地区因飓风等灾害性气候而被破坏的珊瑚提供恢复支持(图3.13)。

图 3.13　珊瑚移植生长情况(2010 年项目实施 6 年后)

3)红树造林效果显著

六年后移植的红树已经初具规模(见图 3.14)，造林形成的红树群落成了鱼类、龙虾以及无脊椎动物的栖息地和庇护所。红树林还具有水质净化作用，有助于周边海域珊瑚的生长繁殖。

2. 对当地经济社会发展的促进作用

移植的珊瑚和红树经过六年的时间都适应了环境并稳定生长。从海洋景观立体层面分析，水上海岸分布着美洲红树，提升了原有海岸景观的层次和视觉效果；水下礁球上附着的珊瑚也生机盎然，极大地刺激了游客对潜水运动的向往，释放了当地旅游消费潜力。另外，珊瑚是鱼类、甲壳类等海洋生物觅食、繁殖以及躲

图 3.14 红树林生长情况（2010 年项目实施六年后）

避天敌的天然场所，珊瑚附近会聚集大量海洋经济生物，丰富了海岛原住民的经济来源。

（六）经验教训总结

经过六年的跟踪监测，项目毫无疑问是成功的。在本项目中，珊瑚附着基底创新地设计为镂空多面球形，这不仅提高了珊瑚移植的成活率，而且易于后期进行幼体珊瑚的补充和管理。孔状结构的礁球在布放初期就吸引了大量鱼类繁殖、栖息。另外，项目同时开展了"珊瑚+红树林"立体恢复策略，产生了生态效应互补的突破性效果，为世界其他地区的海洋生态修复、恢复以及重建工作提供了良好示范。

（七）长效管理机制

根据项目实施的良好效果，斯坦福发展有限公司和礁球基金会联合安提瓜和巴布达当地政府计划在附近海域建立海洋保护区，以扩大和延续项目产生的丰硕成果，同时保障珊瑚、红树林以及海草床在项目结束后能够得到持续地监测和管护，为游客和岛上原住民提供海洋生态环境保护教育和实践的平台。

（八）资金来源

项目累计共投资 177 万美元。其中组织全球珊瑚恢复专家开展研讨以及进行水下移植工作约耗资 25 万美元；另有 2 万美元用于购买红树幼苗；其余 150 万美元用于制造珊瑚礁球。

资料及图片来源

http：//www.reefball.org.

CUMMINGS K，ZUKE A，DE STASIO B，et al.，2015. Coral Growth Assessment on an Established Artificial Reef in Antigua. Ecological Restoration，33（1）：90-95.

三、荷兰巴尔赞德（Balgzand）地区大叶藻恢复

（一）项目概况

20 世纪 30 年代以前，大叶藻（*Zostera marina*）广泛分布于荷兰瓦登海域（Wadden Sea）（图3.15），而后由于沿海工业基础设施建设、海洋富营养化、海草群落疾病等人为和自然原因导致该区域大叶藻基本消失。尽管该海域历史上曾经广泛分布大叶藻，具备了开展大叶藻恢复工作的基础条件，但是由于缺少足够的海草种子，因而未能开展大规模修复工作。"欧洲水框架指令"行动将荷兰瓦登海域恢复大叶藻作为一项工作内容。项目实施人员从德国瓦登海域引进大量已经结籽的大叶藻，同时根据荷兰瓦登海域底质、水动力以及生态等特殊条件，设计制造了海藻恢复设备，保证了海藻恢复的成功率。2011 年和 2012 年修复总面积为 2 hm²。

图 3.15　巴尔赞德大叶藻恢复位置

（二）实施时间

2011—2016 年。

（三）生态系统退化原因

进入 20 世纪 30 年代，大叶藻在荷兰瓦登海域基本消失，主要是由于沿海工业基础设施建设以及陆源生活污水排入近海导致的海洋富营养化，还有该地区海草群落暴发的继发性疾病（wasting disease）等人为和自然原因。

（四）修复具体措施

通过梳理总结业界大叶藻恢复主要有两种方法：即种子法和移植法。根据上述两种方法开展的恢复实践证实，种子法具有成功率高、成本低、技术要求相对低等优势。因此，本项目采用种子法进行恢复工作。

1. 大叶藻种子收集

恢复工作项目组人员根据前期大叶藻种源地的研究成果，选择了在德国瓦登海域结籽的大叶藻作为恢复区域种源。选择德国瓦登海域的大叶藻主要是由于：①两地的距离较近，近海底质、海水水质以及生态环境等大叶藻生长基底条件极为接近，有利于提高恢复后的成功率；②该海域能提供充足的大叶藻种子，满足恢复工作种源数量的要求，而且根据监测结果显示种源地生长的海草分布面积每年都在扩大。

2. 恢复区域选择

恢复区域选择基于三条原则：①历史上有大叶藻分布（或者基底条件适宜大叶藻生长）；②根据大叶藻扩散模型，恢复区应具有较高的保水率；③便于开展恢复工作。恢复区域最终选定如图 3.16 所示。

3. "浮标播种"法

"浮标播种"法的原理是利用涨落潮海流对网袋的冲刷，使网袋中的种子掉落到潮滩上生根发芽。播种分为以下几步：①将结籽的大叶藻放入网袋里，网孔的间隙应满足藻籽可以从网孔掉落，而大叶藻留在网袋里为宜（图 3.17）；②将装有结籽大叶藻的网袋连接到锚定的装置上（图 3.18）。

图 3.16　海草恢复点位(绿色为 2011 年恢复，蓝色为 2012 年恢复)

图 3.17　用于大叶藻恢复的网袋(黄色塑料为浮子，上端为固定用的金属钩)

4. 后期监测

　　播种三个月后，将海草幼苗覆盖区域划分为 25 个规格为 20 m×20 m 的网格，利用卫星遥感和 ArcGIS 对恢复区域进行跟踪监测。

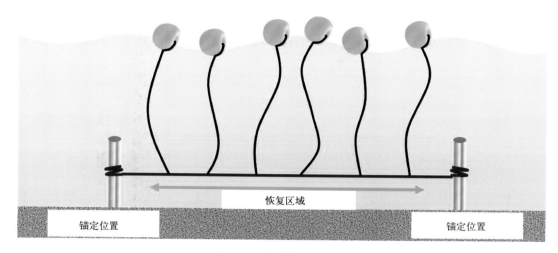

图 3.18　大叶藻恢复装置

（五）修复成效

经过近一年的恢复工作，巴尔赞德地区的海草生长长度在 30~70 cm 范围内，单位网格内海草覆盖面积都小于 5%（图 3.19）。

图 3.19　恢复后海草高覆盖区域

（六）经验教训总结

首先，恢复区域应该满足海草生长的底质、水质、生态等基本条件；其次，网袋的网孔要至少满足藻籽能够掉落；锚定的装置高度应根据海流、潮汐等水动力条件不断调整，装置附近海域的种子保留率较高。天气条件也是影响海草种子萌发的重要因素，气温水温过低会影响种子萌发。另外，由于沉积物颗粒细腻，种子被埋得太深，也会影响种子萌发。

（七）长效管理机制

项目根据工作开始时制定的跟踪监测方案开展后期监测评估工作，实际实施效果需要若干年后才能进行评价。

（八）资金来源

项目的全部资金来源于"欧洲水框架指令"行动，项目资金总额不详。

资料及图片来源

VAN DUREN L A, VAN KATWIJK M M, HEUSINKVELD J, et al., 2013. Eelgrass restoration in the dutch wadden sea[J]. *Lkartidningen*, 71(48): 413-418.

四、澳大利亚阿德莱德大都会海域海草重建

（一）项目概况

由于工业发展产生的污水以及雨水携带的陆源营养物质被排放到近海，导致近海海域氮、氨含量升高，水体富营养化。1949—2014年，澳大利亚南部城市阿德莱德大都会海域已经损失了6 200 hm²海草，而绝大多数海草是在1995年以前损失的。海草退化主要发生在水深7 m以上的海域，波喜荡草（*Posidonia*）和根枝草（*Amphibolis*）是本地分布占据优势的海草，同时也是受损最重的两种海草。这些海草的损失不仅对海草生态系统产生毁灭性打击，也直接或间接影响了海岸带生物多样性、渔业资源以及海岸带管理。例如，由于海草的大面积损失，近岸底质没有海草附着，沉积物随海流运动造成海岸侵蚀，每年需要耗费500万美元治理海岸侵蚀问题；附近海域的鱼类生命周期的一部分时间依赖于海草生态系统，海草为它们提供了理想的庇护所和产卵场，海草的大面积丧失在一定程度上减少了该海域的生物多样性和物种数量。海草的损失所引发的一系列后果给海洋和海岸带管理带来大量问题。2001年，南澳大利亚州政府启动了"阿德莱德海岸水域研究"（ACWS），目的之一就是了解该地区海域海草退化的原因，开展海草恢复工作，通过科学的管理措施保障修复工作能够提供长期的效益，修复总面积为2 hm²（见图3.20）。

（二）实施时间

2004—2014年。

（三）生态系统退化原因

由于沿岸工业发展，每年产生的大量氮、氨以及雨水携带的陆源营养物质被排放到近岸海域导致近海海域氮、氨含量升高，水体富营养化。

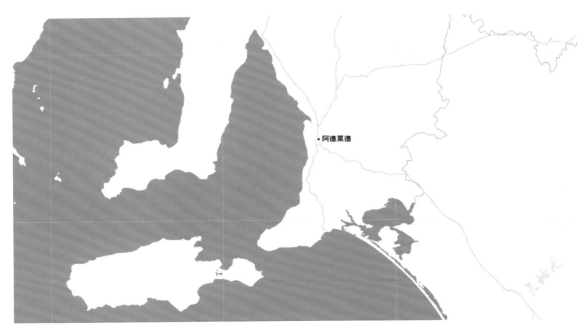

图 3.20 项目位置（阿德莱德位于南澳大利亚州）

（四）修复具体措施

1. 制定修复方案

澳大利亚环境、水及自然资源部（DEWNR）联合南澳大利亚州研究与发展研究所就该地区海草修复必要性和修复方式组织国际海草恢复研究的相关专家召开了多次工作会议，开展恢复区域的本底调查，并根据相关专家的意见和国际海草修复经验制定了项目修复方案。

2. 小尺度恢复试验

为保障海草修复的预期效果，项目组选择在修复区域开展小尺度（几十平方米海域范围内）试验，根据试验出现的问题和解决办法调整修复方案。海草的小尺度修复主要采用如下两个方法。

1）直接移植法

直接移植法就是由潜水员将供体海草幼苗直接移植到修复区域。由于海流的高频冲刷和海底泥沙等沉积物的侵蚀，导致多数海草幼苗无法稳定扎根，使得试验初期的保存率仅在9%以下。

2）麻袋法

麻袋法是在粗麻布或露兜纤维编织的袋子中填充 20 kg 海砂，将这些麻袋一半埋在海底，放置在距离自然恢复的海草（图 3.21）附近几百米范围内，目的是获取自然恢复的海草产生的种子（每年 7—8 月），海草种子能够附着在粗麻布或露兜纤维编织的袋子网孔内，不易被高频海流或泥沙冲刷带走。根据调查显示，自然恢复的海草约为 50 株/m²，利用麻袋法修复的海草三年以上保存率约为 24 株/m²（见图 3.22）。从直观数据上看，麻袋法修复的保存率仅是自然恢复保存率的 50% 左右，但从长远来看，随着海水环境质量的提升，海洋环境因素向利好趋势发展的条件下，人工修复的种子不断生长发育、成熟、繁殖，一定时期后会形成较大规模的海草斑块，而若干斑块的集聚会形成较为稳定的海草生态系统。从修复成本角度看，麻袋法不需要雇佣潜水员参与工作，每个麻袋成本（物料和运输成本）总共为 10~17 美元，远低于海草移植的成本。因此，从以上几个实际情况衡量，麻袋法的修复效果是可以接受的。

图 3.21 移植 2~4 个月海草生长情况

3. 大规模推广

综合多因素考虑，决定采用麻袋法在 2 hm² 海域内开展海草修复工作。修复区域还是选择海草自然恢复区域附近，选择海草繁殖时期在海域布放麻袋。

图 3.22　自然恢复的海草

（五）修复成效

通过十余年的不断试错与方案调整，恢复区域的海草保存率总体保持在 30%以上，随着海草斑块面积的不断增加，基本形成了较为稳定的海草生态系统。后期跟踪监测结果显示，幼苗生物量和高度随时间的推移而显著增加，同时前期恢复的种子已经开始发育、成熟并生长。

（六）经验教训总结

1. 麻袋的设计

麻袋最初设计为单层和双层两种（见图 3.23）。但是根据试验的效果，这两种麻袋对修复效果几乎没有任何影响。麻袋的材质要尽量选用麻布或露兜纤维，这些材质不仅便于海草种子能够在初期易于附着，而且随着时间的推移麻袋分解后对周边海洋环境不产生负面影响。

2. 修复区域的选择

修复区域首先应考虑选在自然恢复的海草附近，以便能够满足有充足的海草种子在麻袋表面聚集；其次，还应充分考虑海流的速度，高频的海流和海底涌动

图 3.23　用于修复海草的麻袋(a)以及半埋入海底的麻袋(b)和 12 个月后海草修复情况(c)

的泥沙会直接影响海草种子的附着。

3. 海草种子种类的选择

目前，由于海草历史分布的种类和条件，修复工作只选择了根枝草和波喜荡草两种海草。这两种海草种子发育形成的幼体都具有较为发达的根系，便于在麻袋上固定，也在较大程度上直接影响了海草的保存率。对于其他种类的海草修复是否适用于麻袋法，后续还需要扩大研究对象加以验证。

4. 对自然恢复的海草进行跟踪监测

自然恢复的海草是人工修复的种源地，种子的质量将直接影响修复的效果，有必要对自然恢复的海草斑块开展定期跟踪监测，及时掌握种源地的海草生长状况。

（七）长效管理机制

根据跟踪监测方案，项目组从修复实施工作结束后，启动了修复跟踪监测工作。监测内容包括修复区域的水动力、水质、底质、海草生理生态状况(自然恢复和人工修复)等。

(八) 资金来源

澳大利亚环境、水及自然资源部为本项目提供了全部资金,具体数额不详。

资料及图片来源

TANNER J E, IRVING A D, FERNANDES M, et al., 2014. Seagrass rehabilitation off metropolitan Adelaide: a case study of loss, action, failure and success[J]. Ecological management & restoration, 15(3): 168-179.

TANNER J E, 2014. Restoration of the Seagrass Amphibolis antarctica - Temporal Variability and Long - Term Success. Estuaries and Coasts, 38(2): 668-678.

五、美国马里兰州切萨皮克湾（Chesapeake Bay）哈里斯溪牡蛎礁恢复

（一）项目概况

切萨皮克湾是美国最大的河口，位于马里兰州和弗吉尼亚州的大西洋海岸。据估计，切萨皮克湾东部的美洲牡蛎（*Crassostrea virginica*）种群数量只有历史平均水平的1%。切萨皮克湾的恢复工作已经开展了几十年，2009年第13508号总统行政命令以及由切萨皮克湾流域各州州长和美国联邦政府签署的《切萨皮克湾流域协定》这两项政策的实施推动了切萨皮克湾规模更大的协调恢复工作。上述工作计划预计在2025年恢复切萨皮克湾十条支流的牡蛎种群。然而在切萨皮克湾内并非所有的支流都适合开展牡蛎礁恢复，且历史上礁体也并非覆盖整个支流底部。预计恢复后的牡蛎礁分布数量将能达到历史水平的8%。在恢复工作开始前期掌握湾内各支流详细的水文、环境以及历史上美洲牡蛎的分布情况是十分重要的准备工作。马里兰州的哈里斯溪成为切萨皮克湾十条支流牡蛎礁大规模恢复计划中的首要目标区域，即位于切萨皮克湾东岸占地 1 829 hm^2 的牡蛎礁保护区（见图3.24）。哈里斯溪是历史上有名的牡蛎捕捞产地，但到21世纪初出现了牡蛎补充量和礁体结构受限的双重问题。马里兰州政府、联邦政府以及当地非政府组织的合作伙伴共同制订了河口修复计划。通过对哈里斯溪支流水质、水深、底栖生物生境以及现有牡蛎种群特征等数据的调查分析，最终确定了牡蛎礁恢复的具体位置。哈里斯溪支流恢复总面积为 142 hm^2。

（二）实施时间

2011—2019年。

（三）生态系统退化原因

由于商业利益导致的过度捕捞是哈里斯溪流域美洲牡蛎种群数量下降的根本

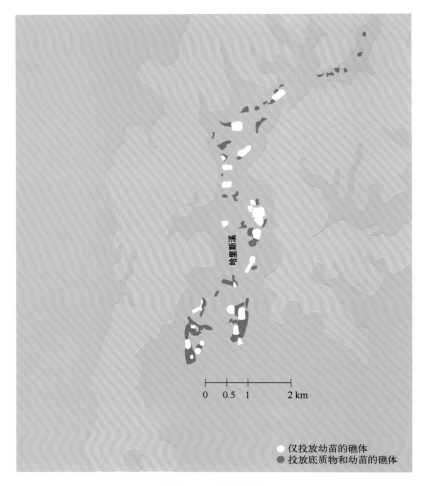

图 3.24　项目位置

原因，种群自然繁殖所能提供的供给量远远低于商业捕捞的需求量，美洲牡蛎已被切萨皮克湾沿岸部分州政府列为禁止私自捕捞品种。另外，沿岸工业基础设施建设和城市污水排放导致美洲牡蛎栖息地退化，以及牡蛎种群病害传播等原因导致切萨皮克湾内的牡蛎礁大面积减少。

（四）修复具体措施

1. 恢复目标

根据该地区牡蛎种群分布记录以及恢复前期现场调查结果，科研学者和资源管理部门联合制定了哈里斯溪地区美洲牡蛎恢复指标。

（1）单位面积牡蛎密度：15 个/m²，目标达到 50 个/m²；

（2）单位面积生物量：15 g（干重）/m²，目标达到 50 g（干重）/m²；

（3）多龄级：2 个或以上；

（4）牡蛎礁基底高度：稳定或增加。

2. 恢复方法

项目组收集了地理空间信息（如水质数据、声呐调查底栖生境特征、水深调查、牡蛎种群调查），并结合适宜美洲牡蛎种群生活的水质（盐度、溶解氧）、硬质底、水深条件等标准，依据哈里斯溪历史牡蛎礁面积（约 1 408 hm²）和"切萨皮克湾牡蛎指标"，采用以下两种方法开展恢复工作。

1）辅助再生

对于现存牡蛎礁基底条件良好，能够满足牡蛎苗生长的，采用辅助再生的方法进行恢复。恢复前应开展牡蛎苗育苗工作，牡蛎苗应为本地种培育的幼体，以增强对恢复区域的水质、环境、气候的适应性（图 3.25）。将育苗场培养的牡蛎苗投放到底部铺满牡蛎壳的大型水箱中，牡蛎苗会自行附着在空牡蛎壳或其他硬质"底座"上（见图 3.26），经过一段时间的生长适应后将其连带底座投放到现存牡蛎礁上。辅助再生方式恢复牡蛎礁面积 62 hm²。

图 3.25　育苗场的美洲牡蛎附壳幼体

图 3.26 石质基底修复的美洲牡蛎

2)基底重建+辅助再生

对于原有牡蛎礁已经完全破坏,不具备牡蛎生长基底条件的海域,采用基底重建+辅助再生的方式进行恢复。基底一般采用石头或废弃牡蛎壳、蛤蜊壳混合构成,通过驳船投放至目标区域海底(图 3.27),目标区域的水质应适宜维持

图 3.27 向河口底部投放牡蛎壳和石头造礁

牡蛎种群生长发育，同时远离码头和航道。礁体经过一段时间的稳定和沉降，可以开展辅助再生阶段的恢复，具体实施方法如上文所述，此种方式共恢复牡蛎礁面积 80 hm²。

(五) 修复成效

项目于 2013 年完成了现场实施工作，随后开展了对恢复工作的跟踪监测。截至 2017 年底的监测显示，哈里斯溪 98% 的礁体上牡蛎的生物量和密度都达到了成功标准的最低"阈值"，75% 达到了更高的"目标"标准，以石头为底质物建造的礁体上生长的牡蛎数量是贝壳底质物礁体的平均四倍。具体修复成效如下。

1. 目标完成情况

（1）单位面积牡蛎密度：约 138 hm² 的恢复海域单位面积牡蛎密度大于设定的恢复目标。

（2）单位面积生物量：约 138 hm² 的恢复海域单位面积牡蛎生物量（干重）大于设定的恢复目标（这一数据与密度相关）。

（3）种群个体等级：根据抽样调查，个体尺寸总体分布于三个尺寸等级，个体直径分别为：市场出售标准（≥76 mm），小型个体（40~75 mm），牡蛎苗（<40 mm），达到恢复标准。

（4）牡蛎礁基底高度：恢复海域所有牡蛎礁高度全部达到标准，即牡蛎礁高度稳定或增高。

2. 生态系统服务价值

根据相关专家的研究，项目恢复的牡蛎礁每年可清除 46 650 kg 氮和 2 140 kg 磷。保守估计，这一生态系统服务功能每年创造的价值为 300 万美元。应用模型预测，与未修复时相比，哈里斯溪以及附近特雷德埃文河和小查普坦河修复的礁体成熟时，当地的蓝蟹（*Callinectes sapidus*）捕获量将增长超过 150%，仅此一项每年就能额外带来 1 100 万美元的码头年销售额；白鲈鱼（white perch）的捕获量将增加 650%；修复后，预计该区域内渔业总产值每年增长 2 300 万美元（直接、间接及连带效应的总和）。

(六) 经验教训总结

1. 恢复区域选择

溶解氧含量高、温盐条件适中，水深 1.2~6 m 以及远离码头和航道的水域是牡蛎生长发育的理想环境。

2. 人工牡蛎礁材质

造礁材料的选择应充分考虑恢复区域的生物、非生物环境以及物质可得性，陶瓷、石头、混凝土以及牡蛎壳经过无害化处理后都可以成为造礁材料。

牡蛎壳经过至少六个月以上的阳光暴晒，其他材质的底座材料也应该进行无害化处理，避免牡蛎苗生长受细菌或毒素影响。

3. 合理的死亡率

第一年的死亡率可能在 85% 以上，之后的死亡率会大幅降低，稳定在 30% 左右，主要是由于牡蛎苗暴露于环境较为恶劣的河口-海洋环境中，个体对于抵抗外界因素的干扰能力较差，出现大规模死亡也是正常的。因此，翌年对于牡蛎苗的补充是必须的。

4. 避免低温条件下开展恢复工作

应避免在冬季或 0℃ 以下的气候条件下开展恢复工作。因为根据多地区实践的结果表明，低温会导致牡蛎苗的死亡率接近 100%。

(七) 长效管理机制

根据项目原定的工作计划和资金，本项目已于 2019 年完成了最后的评估、监测工作。但是，美国海洋与大气管理局 (NOAA) 以及 NGO 环保组织仍然对项目进行定期跟踪，掌握不同时期牡蛎礁的变化情况。

(八) 资金来源

项目共计投入资金 5 300 万美元。其中，2 650 万美元用于人工牡蛎礁的制作、运输。项目资金由 NOAA、美国陆军工程兵部队以及马里兰州政府三方提供。

资料及图片来源

FITZSIMONS J, BRANIGAN S, BRUMBAUGH R, et al., 2019. Restoration Guidelines for Shellfish Reefs.

CHESAPEAKE BAY PROGRAM'S SUSTAINABLE FISHERIES GOAL IMPLEMENTION TEAM, 2017. 2016 Oyster Reef Monitoring Report.

HOLLEY J R, MCCOMAS K A, HARE M P, 2018. Troubled waters: Risk perception and the case of oyster restoration in the closed waters of the Hudson-Raritan Estuary. Marine Policy, 91: 104-112.

六、澳大利亚墨尔本菲利普港湾贝壳礁修复

（一）项目概况

菲利普港湾（Port Phillip Bay）位于澳大利亚南部维多利亚州，面积 1 950 km²，大部分海岸线隶属于墨尔本和吉朗（Geelong）两市（图 3.28）。一百年前，菲利普港湾海底 50% 为牡蛎礁和贝壳礁所覆盖，这些礁体为鱼类、甲壳类、软体动物提供庇护所和觅食场所，物种多样性丰富。直至 20 世纪 80 年代，由于过度捕捞、水质污染以及贝类自身的疾病等原因造成了贝壳礁大面积消亡。然而，不仅如此，贝壳礁的损失也令曾经为墨尔本人提供丰富海洋生物资源和社会价值的贝壳礁生态系统逐渐灭失。

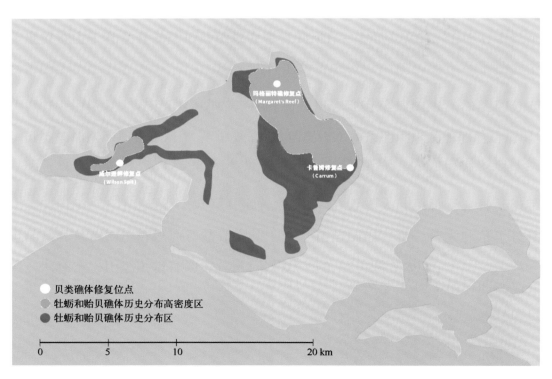

图 3.28 贝壳礁修复位置

面对上述环境、经济和社会的多重压力，2014 年由大自然保护协会（TNC）、维多利亚州政府和阿尔伯特公园游艇及海钓俱乐部（APYAC）三方合作实施了菲利

普港湾贝壳礁修复项目（Port Phillip Bay Shellfish Reef Restoration Project，简称 PPB-SRRP）。该项目得到了多家公司、私人基金会、NGO、地方政府、休闲和商业捕鱼部门、学术机构、潜水和钓鱼俱乐部、海洋保护组织和当地社区团体的支持。截至 2019 年项目累计恢复面积超过 22.5 hm²。

（二）实施时间

2014 年至今。

（三）生态系统退化原因

进入 20 世纪 80 年代，由于消费市场对本地原产的牡蛎和贻贝需求量猛增而导致过度捕捞是造成贝壳礁生态系统衰退的主要原因。另外，沿岸生活污水排入菲利普港湾以及牡蛎和贻贝自身产生的疾病等原因加速了贝壳礁生态系统的衰退，与此同时湾内以贝壳礁为栖息地的海洋生物种群数量和密度下降趋势明显。

（四）修复具体措施

1. 恢复区域调查

项目于 2014 年通过水下潜水摄影、多波束扫测以及拖拽视频等技术手段对牡蛎礁和贻贝礁历史分布区域开展基线调查，获取沉积物、海底剖面、水深、生物分布种类和密度、基底投放路径等要素，以确定较为精确的投放位置。基底投放位置重点从以下区域考虑：①牡蛎和贻贝历史集中分布区域；②周边存在海洋生物繁殖场；③波浪和海流较为平缓的海域。图 3.29 为现场投放附着基底。

2. 试点区域试验

2015—2016 年，项目组根据调查结果在小范围内开展了牡蛎礁恢复试验，向礁体人工投放了不同年龄的牡蛎和贻贝。通过试验发现，利用石灰岩碎石或废弃贝壳将牡蛎或贻贝幼苗抬高，有助于提高成活率；不同年龄的牡蛎成活率因投放

图 3.29　利用驳船投放石灰石作为基底

位置不同而存在差异；礁体尺寸和放置深度是减少边缘负效应、被捕食、沉积和风暴作用的重要因素。

3. 贝壳礁基底设计及播种

通过恢复试验获取的经验教训对开展下一步恢复工作具有指导意义。首先，贝壳礁基底应固定于波浪、海流稳定且平坦的海底，通过 GPS 定位确定贝壳礁精确位置，采用直径 4~5 cm 的石灰石碎屑进行位置固定［图 3.30（a）］，基底内部 50% 采用石灰石碎屑、50% 利用回收的废弃贝壳进行混合后垫高［图 3.30（b）］。

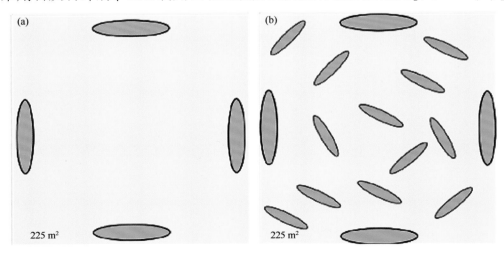

图 3.30　礁体基底石灰石碎屑以及回收的废弃贝壳放置位置

项目组人员根据试验过程中牡蛎和贻贝存活率较低的问题，研制了一种新型漏斗式投放系统(图3.31)。该系统将牡蛎和贻贝直接输送到基底表面，使牡蛎和贻贝最大程度上与基底结合。同时，基底表面覆盖的牡蛎和贻贝形成的粗糙表面能够吸附附近野生贝类产的卵，增加了贝壳礁恢复的成功率(图3.32)。

图3.31　用漏斗式投放系统将牡蛎和贻贝直接播种在基底

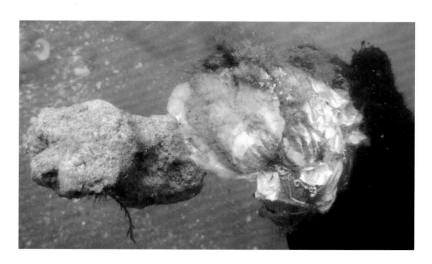

图3.32　牡蛎与基底碎石附着

4. 监测与评估

在此阶段，项目组开展跟踪监测，对已开展的项目进行恢复成效评估，根据目前恢复情况预判在更大尺度上的恢复效果与成本效益。监测内容包括：贝壳礁基底组成随时间的变化情况、牡蛎和贻贝生长情况、不同贝类（不同种类、贝龄）配置密度以及以贝壳礁为栖息地的海洋生物组成和数量。

（五）修复成效

根据现有阶段性恢复成效，布放的贝壳礁总体恢复情况良好，无论是投放的成熟贝类个体成活率还是周边原生牡蛎、贻贝产卵附着率都呈现较高的水平（图 3.33）。具体指标如下。

图 3.33　贝壳礁与周边鱼类、甲壳类共生

1. 贝类总数保存率

目标：贝类存活率超过总数的 5%。根据现场监测结果，投放的贝类存活率超过总数的 5%。

2. 单位面积贝类存活率

目标：单位面积贝类存活率超过 30%。单位面积（每平方米）贝类存活率超过 30%。

3. 单位面积贝类幼体附着数量

目标：单位面积牡蛎或贻贝卵附着数量大于死亡数量。单位面积（每平方米）

牡蛎或贻贝卵附着数量较少，该指标未能达标。

4. 单位面积鱼类数量

目标：鱼类种群数量大于恢复前。绝大多数区域没有达到目标，可能与恢复时间较短有关，需要进行长期跟踪监测。

5. 物种丰富度

目标：物种丰富度增加。近一半区域达标，原因同上。

（六）经验教训总结

1. 交替投放时机

贝壳礁投放的时间应与恢复区域自然生长的牡蛎和贻贝产卵时间相一致，以保证礁体投放后有足够数量的卵附着在礁体表面。

2. 礁体的排列方向

根据相关研究证实，相比于平行或环形排列，垂直于海流方向进行排列的礁体更能保持稳定性，同时还能吸引更多的卵附着在其表面以增加贝壳礁恢复的成功率。

3. 基底投放位置

贝壳礁基底位置确定原则：①附近有原生牡蛎或贻贝生长；②波浪、海流平稳的海底；③尽量避免捕食者。

4. 播种

采用新型漏斗式投放系统能最大限度地将牡蛎贻贝个体均匀平铺在基底上，但要结合海况条件。

（七）长效管理机制

目前，项目仍在继续进行。项目已经于 2019 年开展了更大规模的恢复工作（20 hm² 以上），现在进行的工作仍在为未来恢复工作提供数据和经验。至 2021 年，项目结束预期将恢复或重建菲利普港湾贝壳礁生态系统。

（八）资金来源

截至 2018 年 12 月，项目共耗资 30.5 万美元，其中大自然保护协会出资 15 万美元；维多利亚州政府出资 12 万美元；阿尔伯特公园游艇及海钓俱乐部出资 3.5 万美元。

资料及图片来源

FITZSIMONS J，BRANIGAN S，BRUMBAUGH R，et al.，2019. Restoration Guidelines for Shellfish Reefs.

The Nature Conservancy Australia，2019. Restoring The Lost Shellfish Reffs of Port Phillip Bay- Final Evaluation Report.

GILLIES C，CRAWFORD C，HANCOCK B，2017. Restoring Angasi oyster reefs：What is the endpoint ecosystem we are aiming for and how do we get there? Ecological Management & Restoration，18：214-222.

七、波多黎各库莱布拉岛(Culebra Island)珊瑚恢复

(一)项目概况

2011 年，美国国家海洋与大气管理局(NOAA)启动了"人居蓝图"(Habitat Blueprint)行动计划，旨在整合人居环境保护项目，通过各利益相关方的协作，集中力量解决沿海和海洋典型生境丧失和退化带来的日益严重的挑战，并在短时间内实现可量化的效益。2014 年 NOAA 选择了波多黎各的库莱布拉岛作为对象开展恢复工作。库莱布拉岛位于波多黎各本岛以东 37 km 海域，全岛面积 31 km²，沙滩、珊瑚、海草和红树林等多种生态系统环绕着海岛，同时也是棱皮龟和 13 种海鸟的栖息地(图 3.34)。珊瑚是本地区最重要的生态系统，不但为各种海洋生物提供栖息地，还为海岛原住民提供蛋白质来源以及其他经济收益。

图 3.34　项目位置

然而，1997—2003 年间，库莱布拉岛部分近岸地区的珊瑚覆盖率下降了 30%。由于旅游业发展过快，实际来访游客数量大大超出了旅游环境容量，大量游客在潜水活动过程中踩踏破坏珊瑚以及游船剐蹭对其表面造成了不可逆的损毁；

陆源污染通过地表径流排入海洋，造成近岸海域富营养化，藻类和细菌大量繁殖严重影响了珊瑚的生长；近岸沉积作用强烈，大量泥沙加速沉积在珊瑚表面，减小了珊瑚表面能够吸收的阳光，影响了珊瑚群落的正常生长；海洋酸化的一系列作用抑制了珊瑚的生长。以上多重原因造成了库莱布拉岛近岸海域珊瑚生态系统的衰退，以珊瑚为生长、繁殖以及庇护场所的各种鱼类、甲壳类生物的种类和数量也大幅下降。同时，这些问题也威胁了海洋资源的可持续性利用。

（二）实施时间

2016—2021 年。

（三）生态系统退化原因

库莱布拉岛珊瑚生态系统退化的主要原因涉及以下几个方面：

（1）旅游业发展速度过快，人为踩踏和游船刮蹭碰撞对珊瑚造成了不可恢复的物理伤害。

（2）陆源污染物肆意排放造成近岸海域富营养化，藻类大量繁殖遮蔽了珊瑚生长所需要的阳光。

（3）近岸水体污染细菌滋生，引起珊瑚种群疾病导致珊瑚大面积白化。

（4）近岸沉积作用强烈以及雨水携带的大量沉积物加速沉积在珊瑚表面，影响了珊瑚的光合作用。

（5）海洋酸化导致造礁珊瑚碳酸钙沉淀减少及珊瑚碳酸钙结构溶解率增高，也间接影响了珊瑚的生理特性，使其对疾病或病原体更加敏感，影响了珊瑚的正常生长。

（四）修复具体措施

1. 加强流域管理，减轻陆源污染

陆源污染物通过雨水携带至近岸海域，因此需要对海岛陆地雨水路径实施改造。通过修建雨污简易过滤设施降低流入近岸海域的淡水营养物浓度和沉积物（见图 3.35）。同时，此举也减轻了暴雨对地表的侵蚀。

图 3.35 简易雨污过滤设施

2. 恢复鹿角珊瑚种群

使用本地区海域幸存的珊瑚碎片进行恢复工作。将处理过的珊瑚碎片通过一种透水性混凝土与礁体结构进行黏合(图 3.36),经过十分钟左右珊瑚碎片能固定在礁体结构上。同时,新建两个珊瑚苗圃,利用总计三个苗圃开展鹿角珊瑚恢复工作,经过 6~9 个月的时间将苗圃中的幼体珊瑚移植到恢复区域。以上恢复工作完成后及时开展珊瑚恢复监测工作。

图 3.36 珊瑚恢复礁体结构

3. 扩大珊瑚种群恢复种类

在恢复本地优势珊瑚的基础上，依托现有和新建的珊瑚苗圃，扩大珊瑚种群恢复范围，增加珊瑚物种多样性，探索不同珊瑚繁殖技术方法以及珊瑚幼体移植方式的成效。

4. 减轻旅游等人为因素对珊瑚的影响

开展海岛旅游活动人员调研，分析旅游活动对海岛珊瑚、海草床以及红树林等生态系统的影响方式和程度。向游客和岛上原住民开展教育，向其宣传可能影响生态环境的破坏性行为。定期邀请相关专家来访，研讨解决海岛经济社会发展与生态保护亟待破解的问题。

（五）修复成效

目前项目仍在进行中，珊瑚移植的九个月后总体成活率维持在91%，而部分处于人类干扰的恢复区域成活率也达到了79%，珊瑚覆盖增加的表面积在7%～30%范围内，恢复区的效果比其他地区显著提高。

（六）经验教训总结

（1）修建雨污简易过滤设施后，应对河口排入近岸的淡水进行定期监测，以评估陆源污染物排放治理情况。

（2）潜水游客和游船对珊瑚的踩踏以及剐蹭是本地区珊瑚生态系统衰退的主要影响因素。这一问题在恢复过程中仍然出现，导致了部分恢复区域的珊瑚成活率低于无人类活动干扰的区域。

（3）珊瑚恢复取得阶段性效果后，恢复区域的鱼类、甲壳类生物种类和数量显著提高。岛上渔民对于此种现象更加敏感，因此对于珊瑚恢复的期望比其他人更高，推动珊瑚保护恢复的积极性也更高。

（七）长效管理机制

1. 恢复对象的跟踪监测

对地表径流开展监测，跟踪陆源营养物和沉积物的变化；对恢复珊瑚种群的分布、白化率、覆盖面积等指标开展跟踪监测，评估不同恢复方法和种群的成活率。

2. 评估珊瑚种群应对环境恶化的恢复力

依据过往调查监测数据，评估本地区珊瑚礁应对灾害等负面效益的复原力，制定相应保护措施，适时开展生态修复工作。提高珊瑚生态系统关键物种(鱼类、甲壳类)监测的准确性和频率。

3. 制定珊瑚保护和管理政策

根据库莱布拉岛生态环境现状，科学评估未来保护和管理工作的实际需求，制定远期保护目标并实施长效管理政策。

(八) 资金来源

项目资金和技术由 NOAA 支持提供，资金总额超过 110 万美元。

资料及图片来源

NOAA, 2016. An Implementation Framework for NOAA's Habitat Blueprint Focus Area in the Caribbean – The Northeast Marine Corridor and Culebra Island, Puerto Rico.

HERNÁNDEZ-DELGADO E A, 2010. Thirteen years of climate-related non-linear disturbance and coral reef ecological collapse in Culebra Island, Puerto Rico: A preliminary analysis. In, E. A. Hernández-Delgado (ed.), Puerto Rico Coral Reef Long-Term Ecological Monitoring Program, CCRI-Phase III and Phase IV (2008-2010) Final Report. Caribbean Coral Reef Institute, Univ. Puerto Rico, Mayagüez, PR. pp. I.1-I.62.

八、美国纽约辛纳科克湾(Shinnecock Bay)大叶草和海湾扇贝恢复

(一)项目概况

辛纳科克湾位于美国纽约州长岛南安普顿镇(图3.37),该地区以出产丰富的贝类、鱼类等海鲜而闻名,其中贝类种类极其丰富,包括贻贝、海湾扇贝、蛏子等。海洋经济生物种类的多样性不仅为沿岸居民提供了多样性且优质的蛋白质来源,也促进了地区经济的发展。然而,近年来由于海洋污染、海水富营养化、赤潮、过度捕捞等原因导致湾内双壳贝类数量和种类大幅减少。与此同时,双壳贝类生长和繁殖严重依赖于的大叶草由于海湾内水体富营养化、赤潮等环境原因的影响分布面积也在大幅减少。大叶草是贝类的幼虫(包括蛤、贻贝、海湾扇贝的幼虫)附着的首选基质,主要是由于大叶草叶片对潮汐和波浪的抑制作用而定居在大

图3.37 大叶草恢复位置

叶草草甸内，这些贝类栖息于此不仅降低了被天敌捕食的压力，而且还能获得较为丰富的食物。相关研究表明，海湾扇贝种群数量与大叶草分布面积呈正比例关系。首先，生活在大叶草中的滤食性双壳类动物可以将营养物质带入沉积物中，大叶草的根最容易利用这些营养物质；其次，底栖动物-上浮植物耦合关系也可以通过捕食有害藻类、细菌以及悬浮颗粒帮助净化海水水质，最大限度地减少光衰减，从而使最大量的可用光到达大叶草叶片的表面。因此，大叶草与双壳贝类是一种互惠互利的关系。贝类也为大叶草草甸内的蓝蟹、海螺和北方斑点圆鲀等鱼类和无脊椎动物提供食物，极大地丰富了大叶草生态系统的物种多样性和人类摄取蛋白质的来源。与无植被的海底甚至大型藻类相比，海草的生态价值更高。这与生态系统结构复杂性、持久性以及为众多海洋生物的各种生命阶段提供食物和庇护所的能力有关。

（二）实施时间

2005—2009 年。

（三）生态系统退化原因

辛纳科克湾内生态系统退化主要表现在以下几个方面。

（1）赤潮暴发。沿岸人口增长随之带来的生活污水排放，降雨减少，造成湾内水域氮、磷等营养物质含量升高，微藻类大量暴发生长并产生毒素导致贝类大量死亡。

（2）有害藻华繁殖。水体内营养物质升高大量有害藻类繁殖减少了水体阳光的直射和穿透率，严重影响了大叶草的生理生态过程，导致大叶草分布面积锐减。依赖大叶草生存的鱼类和无脊椎动物种群数量也随之锐减。

（3）过度捕捞。民众对湾内双壳贝类、鱼类等主要海产品的过分"喜爱"，利益因素驱动导致了上述海洋生物种群数量急剧下降。

（四）修复具体措施

针对辛纳科克湾出现的问题，项目采取对海草和海湾扇贝整体恢复的策略，按照大叶草恢复——海湾扇贝恢复的先后顺序开展工作，其中大叶草恢复采取异地获取种子，在苗圃培育成熟植株再移植；海湾扇贝恢复采取向大叶草草甸播种幼苗的方式。具体措施如下。

1. 对现存大叶草监测

在恢复工作开始前，对大叶草种源地进行植株健康情况和恢复潜力的监测和评估。2006 年 4—5 月开始监测大叶草的物候，监测工作一直持续至 8 月，监测内容包括密度、枝条长度、附着生物量、共生的大型藻类、地上和地下生物量、沉积物质地以及有机物。为确定贝类捕捞以及移植对现存大叶草种群的影响程度和时限，项目组在种源地设置了海草清理区，对清理区进行定期监测。

2. 对现存海湾扇贝种群监测

对区域内现存海湾扇贝的集中位置和个体健康情况开展监测。同时，掌握以海湾扇贝为食物的捕食者种类、数量等特征数据。综合分析以上影响因素，在有利于扇贝的生长和生存的区域开展大叶草恢复工作。

3. 恢复区域数据调查

调查获取恢复区域沉积物结构、有机物含量、现有草甸的水深深度和分布范围、贝类禁捕区和捕捞区范围、海域营养盐情况、水质透明度以及船舶航行情况等。

4. 大叶草种子收集、处理和培育

2006 年 6—7 月在现存大叶草种源地收集约 50 万颗大叶草种子，种子被带到附近的大叶草苗圃进行处理和储存，并于 9 月在苗圃内种植，待大叶草生长逐渐成熟选取新苗采用手工栽种的方式进行恢复（图 3.38，图 3.39）。

图 3.38　苗圃培育的大叶草挑选（a）待移植的大叶草（b）

图 3.39　大叶草移植

5. 海湾扇贝培育

根据野外调查和选址工作评估的结果，将约 10 000 只海湾扇贝投放至 3~5 个区域进行小规模培育，根据生长表现情况逐步开展大面积扇贝恢复(图 3.40)。

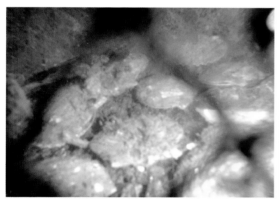

图 3.40　投放贝类幼体

(五) 修复成效

2008 年 6 月对大叶草恢复区域的监测结果表明，大叶草的密度远超过预期，恢复工作初期设置的试验草块面积已经超过原来的两倍，部分区域的大叶草密度大到无法统计，很难区分是恢复区域，还是天然草块。

2008 年对海湾扇贝恢复监测结果显示：恢复区域平均存活率仅为 26%，主要是由于蓝蟹等无脊椎动物对海湾贝类幼体捕食活动造成了较低的存活率(见图 3.41)。

图 3.41　大叶草内的扇贝

（六）经验教训总结

（1）建议恢复区域划定部分禁止捕捞区，避免海草幼苗以及贝类幼体受到影响。

（2）恢复区域的选择应该采纳沿岸民众和管理者的意见。

（3）渔船的螺旋桨对大叶草的叶片能产生极大伤害，建议开辟出一条专用航道，增设导航牌和警示牌，必要时开展一些执法活动。

（4）大叶草和海湾扇贝具有极为相似的生长环境，将二者同时开展恢复取得了"事半功倍"的效果，具有一定的推广意义和价值。

（七）长效管理机制

本项目的实施和后期监测已于2008年底全部结束。

（八）资金来源

本项目由南安普顿镇、康奈尔大学等联合实施。项目资金由纽约州环境基金（New York State Environmental Protection Fund）支持，项目资金总额不详。

资料及图片来源

CHRISTOPHER P，GREGG R，KIMBERLY P M，et al.，2009. Town of Southampton Eelgrass and Bay Scallop Restoration Planning Project.